给建筑师的思想家读本

建筑师解读 古德曼

[西] 雷梅·卡德维拉-韦宁　著

尚　晋　译

中国建筑工业出版社

著作权合同登记图字：01-2017-2107号

图书在版编目（CIP）数据

建筑师解读古德曼／（西）卡德维拉 - 韦宁著；尚晋译 . —北京：中国建筑
工业出版社，2018.3（2024.11重印）
（给建筑师的思想家读本）
ISBN 978-7-112-21487-7

Ⅰ.①建… Ⅱ.①卡…②尚… Ⅲ.①古德曼（Goodman，Nelson 1906-）—建
筑哲学—思想评论 Ⅳ.①TU-021②B712.59

中国版本图书馆CIP数据核字（2017）第272943号

责任编辑：李　婧　戚琳琳　董苏华
责任校对：芦欣甜

给建筑师的思想家读本
建筑师解读　古德曼
[西] 雷梅·卡德维拉-韦宁　著

尚　晋　译

*

中国建筑工业出版社出版、发行（北京海淀三里河路9号）
各地新华书店、建筑书店经销
北京京点图文设计有限公司制版
建工社（河北）印刷有限公司印刷

*

开本：880×1230毫米　1/32　印张：4⅝　字数：103千字
2018年3月第一版　2024年11月第二次印刷
定价：25.00元
ISBN 978-7-112-21487-7
（31158）

献给彼得（Pete）

目　录

丛书编者按

亚当·沙尔（Adam Sharr）

建筑师通常会从哲学界和理论界的思想家那里寻找设计思想或作品批评机制。然而对于建筑师和建筑专业的学生而言，在这些思想家的著作中进行这样的寻找并非易事。对原典的语境不甚了了而贸然阅读，很可能会使人茫然不知所措，而已有的导读性著作又极少详细探讨这些原典中与建筑有关的内容。这套新颖的丛书，则以明晰、快速和准确地介绍那些曾讨论过建筑的重要思想家为目的，其中每本针对一位思想家在建筑方面的相关著述进行总结。丛书旨在阐明思想家的建筑观点在其全部研究成果中的位置，解释相关术语，以及为延伸阅读提供快速可查的指引。如果你觉得关于建筑的哲学和理论著作很难读，或仅是不知从何处开始读，那么本丛书将是你的必备指南。

"给建筑师的思想家读本"丛书的内容以建筑学为出发点，试图采用建筑学的解读方法，并以建筑专业读者为对象介绍各位思想家。每位思想家均有其与众不同的独特气质，于是丛书中每本的架构也相应地围绕着这种气质来进行组织。由于所探讨的均为杰出的思想家，因此所有此类简短的导读均只能涉及他们作品的一小部分，且丛书中每本的作者——均为建筑师和建筑批评家——各集中仅探讨一位在他们看来对于建筑设计与诠释意义最为重大的思想家，因此疏漏不可避免。关于每一位思想家，本丛书仅提供入门指引，并不盖棺论定，而我们希望这样能够鼓励进一步的阅读，也即激发读者的兴趣，去深入研究这些思想家的原典。

"给建筑师的思想家读本"丛书已被证明是极为成功的，目前已经出版十卷，探讨了多位人们耳熟能详，且对建筑设计、批评和评论产生了重要和独特影响的文化名人，他们分别是吉尔·德勒兹 ①、菲利克斯·瓜塔里 ②、马丁·海德格尔 ③、露丝·伊里加雷 ④、霍米·巴巴 ⑤、莫里斯·梅洛－庞蒂 ⑥、沃尔特·本雅明 ⑦ 和皮埃尔·布迪厄。目前本丛书仍在扩充之中，将会更广泛地涉及为建筑师所关注的众多当代思想家。

亚当·沙尔目前是英国纽卡斯尔大学（University of Newcastle-upon-Tyne）的教授、亚当·沙尔建筑事务所首席建筑师，并与理查德·维斯顿（Richard Weston）共同担任剑桥大学出版社出版发行的专业期刊《建筑研究季刊》（Architectural Research Quarterly）的总编。他的

---

① 吉尔·德勒兹（Gilles Deleuze, 1925—1995 年），法国著名哲学家、形而上主义者，其研究在哲学、文学、电影及艺术领域均产生了深远影响。——译者注

② 菲利克斯·瓜塔里（Félix Guattari, 1930—1992 年），法国精神治疗师、哲学家、符号学家，是精神分裂分析（schizoanalysis）和生态智慧（Ecosophy）理论的开创人。——译者注

③ 马丁·海德格尔（Martin Heidegger, 1889—1976 年），德国著名哲学家，存在主义现象学（Existential Phenomenology）和解释哲学（Philosophical Hermeneutics）的代表人物，被广泛认为是欧洲最有影响力的哲学家之一。——译者注

④ 露丝·伊里加雷（Luce Irigaray, 1930— ），比利时裔法国著名女权运动家、哲学家、语言学家、心理语言学家、精神分析学家、社会学家、文化理论家。——译者注

⑤ 霍米·巴巴（Homi, K. Bhabha, 1949— ），美国著名文化理论家，现任哈佛大学英美语言文学教授及人文学科研究中心（Humanities Center）主任，其主要研究方向为后殖民主义。——译者注

⑥ 莫里斯·梅洛－庞蒂（Maurice Merleau-Ponty, 1908—1961 年），法国著名现象学家，其著作涉及认知、艺术和政治等领域。——译者注

⑦ 沃尔特·本雅明（Walter Benjamin, 1892—1940 年），德国著名哲学家、文化批评家，属于法兰克福学派。——译者注

著作有《海德格尔的小屋》(Heidegger's Hut)(MIT Press,2006 年)和《建筑师解读海德格尔》(Heidegger for Architects)(Routledge,2007 年)。此外,他还是《失控的质量:建筑测量标准》(Quality out of Control: Standards for Measuring Architecture)(Routledge,2010 年)和《原始性:建筑原创性的问题》(Primitive: Original Matters in Architecture)(Routledge,2006 年)的主编之一。

致谢

    本书的问世离不开很多人和机构的支持和鼓励。感谢我的家人和亲友，一直陪伴着我；感谢在我研究古德曼和建筑的各个阶段的同仁和教授。本书的研究得到了多家机构的资助。我要感谢加泰罗尼亚政府提供的多项资助、埃纳雷斯堡皇家学院奖学金和美国的"拉凯沙"硕士研究奖学金。

    霍安·卡德维拉（Joan Capdevila）、凯塔·卡德维拉 - 韦宁（Keta Capdevila-Werning）、拉赞·弗朗西斯（Razan Francis）、杰茜卡·雅克（Jèssica Jaques）、安德烈亚·梅里特（Andrea Merrett）、何塞普·蒙特塞拉特（Josep Montserrat）、彼得·奥伯舍尔普（Peter Oberschelp）、杰拉尔德·比拉尔（Gerard Vilar）和西格丽德·韦宁（Sigrid Werning）对本书的初期版本提出了富有见地的评论和建议。在此感谢他们所有人。我要对凯瑟琳·埃尔金（Catherine Z. Elgin）和莉迪娅·戈尔（Lydia Goehr）的长期支持和指导、批判性见解和宝贵的知识表示特别感谢。

    我要感谢 Routledge 出版社的乔治娜·约翰逊 - 库克（Georgina Johnson-Kook）、弗兰·福特（Fran Ford）和劳拉·威廉森（Laura Williamson）在整个出版过程中的陪伴。我还要感谢本丛书的编辑亚当·沙尔以及 Routledge 出版社对于将分析哲学家引入"给建筑师的思想家读本"丛书的重视，并选中了古德曼。

    最后，我要向丈夫彼得·米诺什（Peter Minosh）致以最深的感谢和爱意，他永远的鼓励、耐心和对建筑学的挑战性思维让一切付出都是值得的。我要将本书献给他。

雷梅·卡德维拉 - 韦宁

2013 年冬，纽约

图表说明

雷梅·卡德维拉－韦宁，图 5，图 6，图 12
凯瑟琳·Z·埃尔金（Catherine Z. Elgin），第 xii 页
地标信托（The Landmark Trust），图 9
彼得·米诺什（Peter Minosh），图 1，图 7，图 8，图 11
若尔迪·庞斯·帕热斯（Jordi Pons Pagès），图 4
RCR Arquitectes 建筑事务所，图 2，图 3
安娜·维拉·埃斯普纳（Anna Vila Espuña），图 10

纳尔逊·古德曼

第1章

导言

分析哲学以严谨和关注细节的方法和论证为特征，其建筑研究方法与建筑师熟知的各种理论相辅相成，并提高了他们建筑设计和思维的批判能力。虽然大陆哲学对建筑思想的重大影响是毋庸置疑的（贡献卓著的思想家包括沃尔特·本雅明、德勒兹、德里达、福柯和海德格尔），英美分析哲学也对建筑作出了相关论述，而这再不应被人忽视。纳尔逊·古德曼（Nelson Goodman）就作出了这样的论述。他的哲学是分析思维的典型，并且最重要的是，这给建筑与建成环境的反思提供了成果丰硕且令人信服的方法。因此本书将介绍古德曼在建筑方面的哲学思想，并展现建筑在创造意义和现实中发挥的独特作用。

作为20世纪最前沿的分析哲学家之一，古德曼对几乎所有哲学领域都作出了开创性的贡献，从逻辑学到科学哲学，再到形而上学、认知论和美学；而后者是他对建筑反思的来源。我们将看到，这些广泛的领域构成了一个紧密的整体，并以建构主义（constructivist）、相对主义（relativist）、非实在论（irrealist）和多元论哲学的理念为特征。因此古德曼的所有论著中都有一条主线，并在他主要的著作中得到了最好的体现。首先是他的博士论文《质的研究》（A Study of Qualities, 1941），这构成了他首部著作《表象的结构》（The Structure of Appearance, 1951）的基础；然后是《事实、虚构与预测》（Fact, Fiction, and Forecast, 1954）、《艺术的语言：通往符号理论的道路》（Languages of Art: An Approach to a Theory of Symbols，1968)、《问题与课题》(Problems and Projects，1972)、《构造世界的多种方式》(Ways of Worldmaking，1978)、《心灵及其他问题》(Of Mind and Other Matlers，1984)；最后是《哲学、其他艺术和科学的重释》(Reconceptions in Philosophy and Other Arts and Sciences，1988，与 Catherine Z. Elgin 合著)。古德曼在他最主要的美学著作《艺术的语言》(Languages of Art) 以及题为"建筑如何表义"(How Building Means，1985，后在《哲学、其他艺术和科学的重释》中出版) 和"论占有城市"(On Capturing Cities 1991) 的两篇论文中专门考察了建筑。他的主要哲学观念和论点也适用于建筑，尤其是在《构造世界的多种方式》中讨论的那些。

古德曼并不喜欢展示自我。在哈佛大学 1928 届《50 周年报告》(Fiftieth anniversary report) 中，古德曼表示"写这种自传似的东西"是他厌恶的事之一，即关于他事业和去向的新自述 (Harvard College，Class of 1928，1978: 260)。这种陈述表明他不喜欢回顾，而是愿意"展望下一个哲学问题或艺术作品"(Elgin 2000: 2)。尽管如此，有必要对他 20 世纪的生平作个简述。亨利·纳尔逊·古德曼 1906 年 8 月 7 日生于马萨诸塞州萨默维尔市 (Somerville)，1928 年获哈佛大学理学学士学位，1941 年获哲学博士学位。毕业研究期间，因犹太出身无法获得奖学金的他曾在波士顿经营古德曼 – 沃克画廊 (Goodman-Walker Art Gallery) 来维持生计。这就是他熟识艺术并开始广泛收藏的道路（古德曼的一些艺术品捐给了哈佛美术馆，并可通过哈佛的图书馆目录在线欣赏）。他还在画廊遇到了艺术家凯瑟琳·斯特吉斯 (Katharine Sturgis)，并于 1944 年娶她为妻。第二次世界大战期间，他在美军服役时任心理测试员，之后开始了学术生涯：先是在塔夫茨大学（1945—1946 年），然后是宾夕法尼亚大学（1946—1964 年）、布兰戴斯大学（1964—1967 年），最后又回到哈佛。从 1968 年开始，他在那里任教，直到 1977 年退休，成为荣誉教授。在哲学著作之外，古德曼还对艺术表现出非理论式的兴趣：除了在画廊的收藏和经营工作，他还在哈佛教育学研究生院开创了哈佛暑期舞蹈课和零点计划（Project Zero），作为教育和艺术研究的跨学科课题；他还委托、制作并指导了艺术演出《眼中的曲棍球》（Hocky Seen）、《逃跑的兔子》（Rubbit Run）和《变幻：图解讲座音乐会》（Variations：An Illustrated Lectare Concert）。他还坚持积极参加各种课题，直到 1998 年 11 月 25 日在尼德姆（Need ham）逝世，享年 92 岁（古德曼更完整的自传和著作汇总见 Elgin et al.1999、Carter 2000 和 Elgin 2000）。

在古德曼的哲学中，建筑的使命并不只是建造具备实用功能的建筑实体，还是创造意义和现实的积极因素。 因此，建筑在创造意义和认识方面具有认知论的作用，除却组装材料外，在创造现实和世界方面具有形而上的作用。另一方面，建筑创造意义和推动我们认识的方式是独一无二的。这种意义与任何其他学科都是同样合理的，从科学到人文，从艺术到日常生活；且并不存在独崇某一种学科的既定层次：例如，科学带来的意义并不高于或优于建筑带来的意义。所以，认知论是与一切意义相关的；认识不仅限于陈述性知识（propositional knowledge），即陈述句所表达的知识；而是包含了所有信仰、观念、情感和体验的更宽泛的概念。无论是空间的概念、建筑的特征，还是关于自我的东西，人从建筑中学到的都不是知识，而是认识。对于古德曼来说，建筑带来的这些意义是无法简化为知识或其他认识的。我们在体验一座建筑时得到的东西无法完全转化为语言；它可以用陈述性知识来描述，但在转化的过程中会失去某些东西。因此，建筑以特有的方式增强了认识。

4　　　　在这种认知论的框架中，建筑是通过符号表达意义的。或者更好的说法是，建筑是以多种方式表达事物的符号。农场可以代表一种住宅、一种经济活动、各种传统价值、一种建筑风格，或对正在消逝的生活方式的眷恋。议会大厦可以代表多种政治价值、国家的支柱之一，或作为一个腐败国家民主面具的讽刺。教堂代表特定的宗教、风格、时期、堂皇、慰藉，或它的结构和建筑材料。作为符号，建筑包含阐释。要找出它们的意义，就需要根据它们所属的符号体系对其进行阐释，因为符号不会独立发挥作用。住宅代表着按风格特征给建筑分类的体系中的某种风格；它代表这是按其容纳的活动给建筑分类的体系中的一种居住建筑；它代表其大小和布局，但在理出住宅作为样板房的展示特征的体系中，则不代表其家具或墙面颜色。这看上去是一个不同寻常的过程，但我们在不断学习符号体系的作用，并在阐释各种符号：从语言到数学公式、从红绿灯到艺术品、从姿势到星座。**我们的生活被符号包围着，而我们又在创造和阐释它们。相应地，通过设计和建造建筑，建筑师也是符号的创造者。**

　　　　另一方面，建筑对创造意义和促进认识的贡献在形而上学方面有相应的作用，即从根本上对世界的构造。通过符号，建筑在构造世界的过程中发挥它的作用。建筑在不可相互简化的各种符号体系中所指的东西是不同的；因此不同的符号体系缺少能作为共同基础的最终参照。对于古德曼，这就意味着符号体系的多元性对应着世界的多元性，每一个都不可简化为其他。换言之，并不是只有一个世界及其多种阐释，而是这些不同的阐释和意义构成了不同的世界。在符号不断被创造和再造、从先前的各种符号和符号体系开始进行阐释和再阐释的过程中，世界也在不断地被构造和再造，从先前的各种世界或世界样式（version）开始进行建构和重构。这就是古德曼哲学以多元论、建构主义、非实在论和相对主义为特征的原因。这也是对于古德曼而言，认知论和形而上学交融的原因，因为这个世界的各种解释同时也是这个世界的各种建构。建筑不只是构成世界的有形物体，建筑的每个解释都有助于世界的构造。考虑到意义与现实的相互关系以及建筑在二者中的核心作用，建筑师的任务就获得了更广泛的意义，因为设计带来的正是意义和世界的构造。**用古德曼的话来说，建筑师是首要的世界构造者。**

　　古德曼对建筑的讨论是在美学中展开的，这就意味着建筑被认为是一种艺术。艺术作品与建筑都是有特定特征的符号。当建筑物只满足居住的实用功能时，它就是房屋；当它作为一种美学或艺术符号时才是建筑。当它作为非美学符号，而是政治或宗教符号时，它就是符号而不是建筑。建筑物的定义取决于它发挥的符号功能（并与之相关）。建筑物并非因建造者的意图而成为建筑，或是因为它被设计成建筑，或是由历史、社会和制度背景决定的。相反，建筑物的状态是由阐释的方式决定的。所以，古德曼的问题"何时为艺术"，或在本书中的"何时为建筑"，并没有讨论建筑的时间状态，而是一座建筑物可以同时作为房屋、建筑或其他符号的各种条件。

　　由于艺术作品和建筑是符号，它们的主要作用是认知性的；其最主要的特征在于其创造和表达意义的能力，而不是它的美或唤起情绪的能力，等等。我们与艺术作品和建筑的关系不是被动的接受，而是辨识和阐释作品意义的主动过程。因此，美学是认知论的组成部分；同时，由于世界是通过符号的创造和阐释构造出来的，美学也是形而上学的组成部分。将建筑视为一种艺术并作为一种艺术符号进行考察，并不意味着符

号理论仅用于发挥艺术功能的建筑。**古德曼的符号理论关注
的是任何类型的符号，而这恰恰为所有类型的认识及其促成
的多个世界建立了共同的基础。**建筑的社会、文化和政治意
义也可以用符号理论来理解，这就需要让建筑不只促成艺术
世界，而是介入任何世界的构造。由于建筑可以属于多重符
号体系和世界，建筑师在这一切的解释和再解释、建构和重
构中有巨大潜力。

本书的结构与前文描述的概念发展过程是一致的。第 2
章讨论的问题是"何时为建筑？"。关于"何时"而非"何物"
的问题将让我们在视建筑为符号的相对主义概念框架下考察
建筑。这就解释了建筑物时而是建筑、时而不是的情况，并
为下列三种研究建筑的方法未能解决的问题找到了出路。

7 　　本质论（essentialist）的观点，即认为存在决定建筑是
什么；意图论（intentionalist）的观点，即（通常是建筑师
的）意图决定了什么是建筑；机构论（institutionalist）的观点，
即建筑是由一群被认可的机构和专家决定的。这一章随后将讨
论建筑的审美体验，因为将建筑阐释为艺术符号的过程发生在
对作品的审美体验中。第 3 章"作为符号的建筑"将考察建
筑如何象征。它将解释古德曼构想的符号和符号体系，探讨
各种指称的模式 [指谓（denotation）、例示（exemplification）、
表达（expression）、暗指（allusion）、变体（variation）和
风格（style）]，并将明晰（articulation）作为促成建筑象征
的手段。对象征和阐释的正确性的评估和标准也将在该章讨
论，最后将通过辨别所谓的审美征候再次回答最初的问题"何
时为建筑？"，其答案只能在讨论古德曼的符号理论之后得出。
第 4 章的问题是建筑作品的个体性（identity）。某些建筑被
认为是原作而其他是复制品，有些建筑被认为是同一作品的
实例，如复原和重建的建筑，属于混合情况。古德曼的"自来"

（autograph）和"他来"（allograph）观念是从哲学上解释这些差别的概念工具。在这一语境下，建筑（由平面、立面和剖面构成）的记法（notation）获得了建立他来作品个体性的作用。最后，第5章将考察建筑促成世界构造和再造的方式。它将解释从象征到构造世界的转化，以及构成古德曼的建构主义、多元论和相对主义思想的基本形而上学假设。对具体建筑例子的讨论将证明建筑在构造世界过程中的独特作用。

全书有许多例子。这不只是出于教学目的，更是因为对古德曼而言，例子在理论的认识和发展中具有核心作用。正如其名称所示，例子是示例某些属性的符号，而这种方式不能完全转换到其他类型的符号上。好的例子为难以领会的属性和概念提供了特殊的认识途径。树立自己的例子和反例是推动辩论、思考和反思的重要途径。因此，每个人都应找到自己思考和反思建筑的例子。

何时为建筑？

　　有些建筑物通常被认为是建筑，而其他则不是："自行车棚是建筑物；林肯大教堂是建筑"（Pevsner 1963：15）。同样地，泰姬陵是建筑而我住的公寓楼不过是建筑物。无论人们是否同意，无论这些区别是精英主义的还是有争议的，"无论它们是出自欲望还是幻想"（Marx 1990：125），这都不是一个少见的分类，并需要仔细甄别。同样地，某些建筑物有时在某些条件下是建筑，而在其他条件下又不是；新英格兰最早的盐盒房住宅的主要功能就是遮风避雨，而今很多都成了美国殖民建筑的艺术典范。在其他情况下，建筑在其他条件下又只是建筑物，就像人们对早期摩天楼的新颖独特习以为常之后。这种转变如何解释？如何从哲学上说明建筑物地位的变化？古德曼通过提出"何时为艺术"或本文的"何时为建筑"讨论了这一问题。

　　这个麻烦部分在于问了错误的问题——在于没有认识到一个东西在某些时候是艺术作品，而在另一些时候则不是。在关键情形中，真正的问题不是"什么对象是（永远的）艺术作品？"，而是"一个对象何时才是艺术作品？"或更为简明一些，如我所采用的题目那样，"何时为艺术？"①

（Goodman 1978：66-67）

---

① 引自纳尔逊·古德曼著，姬志闯译. 构造世界的多种方式. 上海：上海译文出版社，2008：70.

古德曼在他《构造世界的多种方式》的核心章节中提出了这种从功能角度解读艺术和建筑的方法，题目正是"何时为艺术？"。对于古德曼来说，关于艺术和建筑的本质问题一直没有满意的答案，因此可以转换一下焦点，不去理解建筑是什么，而去看建筑物何时发挥建筑的功能，并以此解释同一个建筑物如何能在某些情况下是建筑，而在其他情况下不是。所以，从"何物"到"何时"的转变不只是文字游戏：它给建筑带来了全然不同的解读方法，并抛弃了本质论的视角，代之以更为宽泛和灵活的定性，而这对于古德曼而言就是建构主义和功能性的方法。问题的这一转变让人们去思考：建筑物就是符号。此外，方法的改变否定了建筑的本质论、意图论和机构论观点，而它们所带来的困难也迎刃而解。本章将讨论这三种观点以及介绍古德曼哲学的基本内容，并解释他的论述如何解决了其他方法未能解决的问题。

本质论与古德曼的论述

建筑的本质论观点意在确定使某物成为建筑的必要属性；其目标在于给建筑是什么下定义。然而结果却是，准确找到建筑的本质并给出恰当的定义是很困难且有问题的。让我们参考一下《牛津英语词典》（OED）对建筑的标准定义。其中，第一条说建筑是"为人类使用建造任何类型建筑物的艺术或科学"。对比这个特殊定义与现在"建筑"一词的用法就会意识到，这个定义不是过于狭隘就是过于宽泛：比如，它排除了景观建筑以及不是"为人类使用"的建筑物，像禽笼、猪圈、筒仓、库房、神庙、方尖碑或花园小品。尽管这些建筑物每个都的确可以列为建筑作品，但它们被前面的定义排除在外，因为它所包含的本质属性（"建造建筑物"和"为人类使用"）

的约束性和排斥性过强。此外，OED 的定义忽视了某些是建筑的建筑物与其他单纯建筑物之间常见的区别：我们认为泰姬陵是建筑作品，而我住的公寓楼不是。因此从这个角度上讲，这个定义过于宽泛。这个初始定义可以通过拓展和精炼来改进，事实上 OED 也这样做了："但建筑有时被认为仅是美术（fine art）。"这样，单纯建筑物与建筑作品之间的差别就得到了认可，尽管找到准确定义以及建筑本质属性的问题还没有解决。只是问题被推到了找出构成建筑定义的其他词语的准确定义上，比如"美术"。尽管有这样的改进，建筑的定义仍是不完善的。我们可以继续改写和重写这个定义，直到它看上去涵盖了所有我们认为是确是建筑的情况。但是，无论我们怎样努力，总会有情况迫使我们修改这个定义，因此下定义的愿望就成了永无止境（Sisyphean）的任务。

除了无法给出完美的终极定义，将过去、现在和未来所有的建筑作品纳入其中（原因之一在于建筑的不断创新和发展），建筑的本质论定义也没有解释同一座建筑如何能在某些情况下是建筑作品，而在其他情况下不是。同一个盐盒房既可以被认为是建筑作品，也可以只是栖身之地；并不是说，盐盒房一成为建筑作品就突然获得了之前没有的本质特征，从而改变了它们的地位；也不是说，我们认识到它们一直是建筑作品，只是过去对它们有误解。盐盒房在本质上没有变化。建筑的本质论定义无法解释这种变化，因为本质论是刻板的：人们可以在需要的时候通过增减本质属性对这个定义进行扩充或简化，但这绝不能包含非永恒、即临时性的建筑作品；同时，它也无法包含可以同时被认为是建筑作品和单纯建筑物的建筑物。

为了克服本质论观点带来的所有这些困难，古德曼提出改问"何时"而非"何物"，并以建筑的功能定性来回答。那么，何时为建筑呢？当建筑物像艺术作品一样发挥功能时就是建筑。或者，以正确的语法形式表述就是，当发挥艺术作品的功能时，建筑物是建筑作品。有些建筑物从未发挥建筑作品的功能——我的公寓楼；有些自建成以来就发挥建筑的功能——泰姬陵；有些建筑物在某一时刻可以成为建筑并发挥其功能——盐盒房；有些建筑物曾经发挥过建筑的功能，但后来终止了——早期摩天楼；还有些建筑物有时发挥建筑的功能，有时不发挥，就像那些满足实用功能并可以被认为是建筑作品的建筑物。接下来的问题是，建筑物如何能有时发挥建筑的功能而有时不发挥。古德曼的回答是：

> 我的回答是，正如一个对象在某些时候和某些情况下可能是一种符号……而在另一些时候和另一些情况下则不是符号那样，一个对象也是在某些而非另一些时候和情况下，才可能是一件艺术作品。的确，正是由于对象以某种方式履行符号的功能，所以对象只是在履行这些功能时，才成为艺术作品。[①]

13

（ Goodman 1978：67 ）

在这段引文中，我们找到了古德曼哲学的一个关键概念：符号。在最宽泛的意义上，某物在指称或代表某物时就是符号；因此象征或指称就是"符号与它以任何方式代表的东西之间的关系"（ Goodman 1988：124 ）。符号需要阐释来决定其意义。**艺术或建筑作品是有特定特征的符号**。符号有多种类型，但一个对象只有在其指称功能满足某些条件时才是艺术或审美符号。一个建筑物或许只是建筑物而不象征任何东西；它也可以是符号，但不一定是艺术符号。正如符号有很多种一样，符号也能以不同的方式表达不同的东西，并因此带有阐释。

[①] 引自纳尔逊·古德曼著，姬志闯译. 构造世界的多种方式. 上海: 上海译文出版社，2008.

法院可以是公正的符号，但也是畏惧和尊重的符号；教堂可以代表虔诚，但也可以代表雄伟和肃穆；摩天楼可以象征经济实力和技术进步；一座特定的医院可以象征救护和治疗，但也可以象征幸福或悲伤，这取决于人在那里的经历；大学建筑可以是人类积累的智慧、思想的自由和认识的进步的符号，也可以代表人一生中最美好或最糟糕的时光。建筑物可以通过关联过程象征社会价值、个人经历、文化和历史片段，而这种符号功能不是审美的。古德曼对建筑物的审美功能定义如下：

> 一个建筑物只有在它以某种方式指表、表义、指称、象征时才是艺术作品。

（Goodman 1988：33）

14　　　要发挥审美符号的功能，即成为建筑作品，建筑物必须是某种符号，以不同于其他非审美符号的明确方式进行象征，这就意味着它必须在一种艺术符号体系中发挥功能，下一章将对此展开讨论。在这一点上，重要的问题是，如果建筑物是符号，那就可以在避开本质论问题的情况下，解释它们如何能同时是建筑作品和单纯建筑物。如果建筑物是符号，还可以解释为何建筑意图论观点在给建筑下定义时也是不恰当的。

意图论与古德曼的论述

　　按照意图论的观点，如果某物的创作者意在使之成为建筑作品，那么它就是。意图论认为，作品的定义是以创作者和对象之间关系为基础的，作品的意义取决于其创作者的意图。那么，假如我的意图是建造纪念先祖的建筑作品，这种意图的结果就正是纪念我先祖的建筑作品。这是对意图论的简化定性：这种观点的支持者在意图是什么或起什么作用，以及它与艺术的相关程度上并不总是意见一致的（Iseminger 1992和Kieran 2006介绍了艺术的意图论）。不过，这种定性足以解释古德曼在给建筑下定义和确定建筑物意义时反对意图论的原因。**古德曼否认意图可以完全决定建筑作品的构成和意义。**如果建筑师的意图是唯一的因素，那么作品就只有一种正确的阐释，其内容就是创作者对于作品及其意义的意图。古德曼反对这种绝对论（absolutist）观点（Goodman 1988: 44），并提出建筑师的意图只是一种阐释，而没有高于该作品任何其他可能阐释的突出价值。有很多理由支持这种反对意见，并以此驳斥意图论的观点。

　　首先，艺术家在创作作品时的一个或多个意图并不总是有可能被了解到的，比如无名作品：我们不知道谁建造了瓦利德沃伊（Vall de Boí，在加泰罗尼亚的比利牛斯山）的罗马式教堂以及这位或这群创作者的确切目的。假如一个作品唯一正确的阐释要以其创作者的意图为基础，那么就再没有其他合理的阐释了；甚至无法知道我们的任何阐释是否正确，因为我们无法将其与创作者的意图或阐释进行对比。但实际并非如此：对瓦利德沃伊各座教堂的阐释不胜枚举，而我们的确有评判这些阐释的标准。此外，还有确定创作者的哪些意图为合理的问题：比如设计作品时的最初意图、建造时的意图、刚建成的意图还是多年后的意图等。确定创作者意图的问题在建筑上更为复杂，因为很多人都介入了建造的过程，而且不能认为他们都有共同的意图。要注意的是，古德曼没有质疑意图的存在；他质疑的是我们能够了解艺术家或建筑师在创作作品时的各种意图，以及我们能够确定与该作品的意义和定义相关的特定意图，而这就让他反对关于建筑和艺术的意图论观点。

　　其次，艺术作品可以从无意图的结果中形成，而与创作者的最初意图全无关系，这样，意图就在确定建筑作品是什么上毫无关系了。巴塞罗那波布雷诺（Poblenou）街区工厂的大部分烟囱都只是为功能意图而建的。不过，这种功能需求产生了一种艺术性的结果，让我们将这些烟囱理解为建筑作品。设计这些工厂的建筑师并没有将这些烟囱创作为审美对象的意图，因此他们的意图在将这些烟囱视为艺术时是无关的。所以艺术家的意图与将建筑物视为建筑作品之间没有任何关系；古德曼会说，建筑物的审美功能不取决于意图，而是该建筑物所属的符号体系。不是说这些烟囱的最终形象不出自设计师（或其意图），而是否认这些意图产生了建筑物的审美功能。

再次，并非所有作品都实现了创作者的意图，即有各种未实现和未成功的意图。在这些情况下，意图无法决定作品，因为它们未必会实现，所以从意图论的角度定义作品是行不通的。由路易斯·康（Louis Kahn）设计并于 1965 年建成的拉霍亚（La Jolla）萨尔克生物研究所（Salk Institute），在 1996 年进行了扩建，建筑师戴维·莱因哈特（David Rinehart）和约翰·麦卡利斯特（John MacAllister）的意图是模仿康的风格。他们希望以这种方式实现建筑群新旧部分之间的统一，并最终让康的原作走向完美。尽管继承康的风格的意图确实体现在了作品上，但接下来让他的建筑走向完美则没有体现，因为萨尔克生物研究所的新楼没有突出而是削弱了康的建筑特性。那么，在这里，两位建筑师的意图就是无关的，因为它们至少在一定程度上没有成功实现；了解这些意图至多可以说明表达建筑意图的努力会失败。

意图论由此可被否定，因为意图可能无法被获知，或者与阐释及确定建筑物是否为建筑作品无关。即便可以根据创作者的意图作出阐释，这也不过是诸多其他可能且合理的阐释之一。同样地，即使有创作建筑作品的意图，这也不会使结果成为建筑；反之，即使没有创作建筑作品的意图，结果也可能无意中成为建筑。对象或建筑物可以有多种作为艺术或建筑作品的阐释方式，这恰恰是因为无论创作者的意图如何，它都能发挥符号的功能。或者反过来说，假如建筑作品不是 17
符号，它们就不需要阐释了，它们作为建筑作品的意义和地位就会是固定不变的。古德曼表示：

> 艺术作品通常以多种多样、反差鲜明和不断变化的
> 方式表达意义，并可接受许多同样好的、给人启迪的阐释。
>
> （Goodman 1988：44）

但是作为符号的作品可接受"许多同样好的、给人启迪的阐释"并不意味着每一个阐释都是合理的。除了绝对论，古德曼也反对它的对立面，即极端相对主义（radical relativism），这种观点认为一个作品的所有阐释都是合理的（Goodman 1988：44）。极端相对主义是不能接受的，因为它认为所有的阐释都外在于作品，而且没有判断其正确性的标准。假如每一个阐释都是合理的，那么建筑发挥符号功能的方式对于区分正确和错误的阐释就是无关的。建筑作品是有诸多阐释的复杂符号，但并不是说什么都可以，也不是说我们缺少判断这些阐释恰当性的标准。悉尼歌剧院可以阐释为象征了一群帆船、一堆贝壳或者杂乱的白发，但不会象征猴子。这座建筑本身是我们进行各种阐释，以及支持或反对某些解释的基础：比如悉尼歌剧院不规则的白色弧形三角屋顶能够证明建筑象征的是帆船。悉尼歌剧院所在的符号体系为阐释提供了框架，因此屋顶的形状和颜色就可以同帆船关联起来。

古德曼支持的是绝对论与极端相对主义中间的观点，即建 18
构相对主义（constructive relativism，Goodman 1988：45）。

建筑作品以及任何一般的符号都有数量不定的多种阐释，并存在辨别对错的多个标准，比如一致性（coherency）和一贯性（consistency）。柏林的犹太博物馆象征犹太人在20世纪上半叶遭受的苦难，但绝不会是反犹太主义（anti-Semitism）的意象：有观点认为该博物馆的造型——一个分解的大卫星（Star of David）——因破坏了犹太图像所以象征反犹太主义，而这被该博物馆的其他象征和意义否定了（见原书62页图10）。因此，无论辩解的理由如何，这种阐释对于这座建筑都是不合适的，而且永远也不会合适——所以它就是错误的。各种解释一旦与作品作为符号的特征对比之后就必须是可持续且合理的；如果不是，那它们就要被否定。宽泛地讲，阐释的行为是阐释与符号在一个符号体系的语境中合适或恰当与否的问题。

如前所述，作为艺术符号的建筑作品需要阐释，而这也让它总会被曲解。不过，曲解一旦与作品的符号功能对比，就会被摒弃。假如我认为我的公寓楼是建筑作品，一旦该建筑物的符号功能被考察，这个假设就会被否定。承认一种阐释正确性的标准是该符号及其符号体系，且同一个作品可以有多重正确的阐释，这就说明没有令某些阐释高于其他阐释的外在原因。非但创作者的阐释不受偏爱，而且产生某些阐释的社会、历史或文化原因本身对于确立每个阐释的正确性都是无关的：一个作品的女性主义或后殖民阐释的对错不在于它们是女性主义或后殖民的，它们与其他阐释的高下也不在于它们的某个起源；成为某种类型的阐释无法证伪或证明这种阐释。相反，某些阐释对于一个作品是合适的，而对其他的不合适，其依据在于该作品的符号功能。通过这种方式，古德曼使一个作品各不相同但同样正确的多元阐释成为可能，且独立于产生这些阐释的语境或关注点，以及由阐释者的权威和机构背景而来的论断。

机构论与古德曼的论述

艺术的机构论所持的中心观点是艺术作品的艺术地位，或建筑作品的建筑地位，是由所谓的"艺术界"（artworld）授予的。乔治·迪基（George Dickie）最先提出了艺术的机构论，随后加以完善（Dickie 1977，1984）。阿瑟·丹托（Arthur Danto）最初在1964年建立了"艺术界"的概念，但后来放弃了他的机构论方法，又提出了艺术的非机构论（Danto 1964，1981；艺术的机构论概述见 Yanal 1998）。艺术界大体上是由艺术机构（如博物馆、画廊或艺术中心）和人（如艺术家、策展人、艺术批评家或艺术史学家）组成的，此外还有合适的理论背景以及关于艺术的知识和理解。因此，作品的机构背景决定了什么算作建筑作品。假如有两个同样的物品，一个被认为是艺术或建筑作品而另一个不是，这个区别成立的原因就是艺术界的相应机构或成员将艺术或建筑的地位授予了其中一个而非另一个。

古德曼当然承认，一个物品是否发挥艺术符号的功能取决于背景——他举例说，一块石头在自然历史博物馆中可以发挥地质标本的功能，就和一件艺术作品在美术馆中一样，但在一条路上就不会象征任何东西（Goodman 1978：76；Goodman 1984：59）。但是，他说：

> 我不会——尽管有时被认为会——认同任何艺术的"机构"理论。机构化只是履行的手段之一，有时被过分强调，却往往是徒劳的。
>
> （Goodman 1984：145，着重号出自原文）

古德曼将履行定义为使"作品发挥其作用"的一系列步骤。这就是说，履行意味着促成对象发挥符号功能或使某物完全像符号一样发挥功能，就像一块石头在自然历史博物馆中化为地质符号或一件艺术作品在美术馆中那样（Goodman 1984：142-145）。虽然一个建筑物的确可以根据背景不同发挥建筑作品的作用（将住宅的特点展示给潜在买主的样板房通常不是建筑作品，但它在住宅建筑展中可以发挥这样的作用），这个履行的过程既不唯一也不一定由艺术界完成。

否定以机构化来确定什么算作建筑的原因在于，它对作品发挥作用既不必要又不充分：一方面，一件作品可以独立于艺术界发挥艺术的功能——因此机构化不是必要的；另一方面，一个物品可以被艺术界授予艺术的地位但仍不发挥艺术符号的功能——因此机构化不是充分的。 街上住宅的审美功能不为艺术界所察，但这个住宅仍然发挥艺术的功能，所以是建筑作品——机构论不是必要的，因为这个住宅独立于其背景成为建筑。有理由认为圣地亚哥·卡拉特拉瓦（Santiago Calatrava）的与若干前作雷同的大桥，即便被艺术界授予了艺术或建筑作品的地位也没有发挥这种功能——即机构论不足以让大桥发挥艺术符号的作用。这个例子也表明，某些被认为是艺术或建筑的作品永远也不会发挥审美符号的功能，无论艺术界的做法如何。即使尝试将卡拉特拉瓦雷同的大桥插入机构化的背景以使之成为建筑作品，也很可能依然无法发挥建筑作品的功能。艺术界在这种情况下是无能为力的。

21　　　因此，古德曼的论述——即艺术和建筑作品是符号的依据——解决了本质论、意图论和机构论均无法克服的一系列问题。首先，通过肯定一个建筑物只有在发挥审美符号的功能时才是建筑作品，古德曼为建筑提供了足以涵盖过去、现在和未来建筑作品的灵活定性方法，并解释了同一座建筑如何能既是建筑作品，又是不象征任何东西或发挥另一类符号功能的单纯建筑物。其次，通过坚持建构相对主义，让一个作品多个阐释的正确性以其符号功能为基础，古德曼建立了一个独立于创作者意图的标准。这个标准以作品的审美功能为基础，能甄别曲解并避免极端相对主义。再次，由于强调使建筑物成为建筑作品的是其审美功能，古德曼的论述就无需任何具体背景，即授予作品艺术地位的艺术界。

如前所述，古德曼解决其他方法所涉及问题的途径是对 艺术和建筑的功能主义、多元论、实用主义和建构主义进行论述。这是一种功能主义和多元论的方法，因为同一个对象可以根据符号背景的不同以多种方式发挥功能；它还表明一切都能被审美感知，并且在合适的符号体系中，任何建筑物都有可能成为建筑。古德曼的论述也是实用主义的，或用语言学术语来说是施为性的（performative），因为他的分析集中在艺术的主动性和功能方面上：他关注的是作品如何发挥符号的作用、功能或效用，以及它们如何以这种方式表达意义。他的目标不是找出符号功能的根源和原因并加以讨论；艺术和建筑的本体论因素被搁在一旁，正是因为古德曼认为这种本质论的问题并没有带来任何进展。在这种实用主义的背景中，阐释起到了中心作用，因为通过阐释我们就能区分发挥建筑功能或另一类符号功能的东西，还能确定建筑物表达的意义及方式。也就是说，对符号意义的阐释与确定某物为何种符号是并行的。进一步说，**阐释不是外在于作品的，它构成了作品本身**。这就是为何古德曼的论述属于建构主义：

> 建筑比任何其他艺术都更能让我们意识到阐释无法轻易与作品区分开。一幅画可以一览无余……但一座建筑的体验必须从各种异质的视觉和动觉（kinesthetic）中总合而成：通过不同距离和角度的观看，通过在室内行走，通过爬楼梯和扭头，还有照片、微缩模型、草图、平面

图以及实际使用。这种将作品建构起来的方式，其本身
与阐释是同类的，并会受到我们对这座建筑的看法以及
它和各个组成部分现在与将来意义的影响。……剥去或
撕掉所有的解释（即一切阐释和建构）不会清除一件作
品所有的外皮，而会使之毁灭。

(Goodman 1988：44-45)

23 这段引文讨论了两个重要内容：第一，阐释在建筑的建构
上与其物质要素是同等的。"剥去或撕掉所有的解释……毁灭"
一个建筑的观念表达得十分深刻。显而易见，就像一个洋葱，
剥开构成作品的所有阐释层不会达到它的核心，而是空无一
物。在这一深刻的角度上，符号的意义也构成了世界或世界
样式，**而建筑师由于设计和创造了建筑，在本质上也是符号
的创造者和世界的构造者**：令人折服的建筑会有许多使之丰满
的阐释，它们会推动意义和认识的创造，进而建构出有意义
的世界样式（后文将作讨论）。古德曼的建构相对主义，作为
一件作品有多重且同样正确的阐释的依据，在本体论上有相
应的理论，因此世界也有多重同样正确的样式。判断一个阐
释正确性的标准也用于评判世界样式的正确性。阐释建筑作
品以及建造它的过程发生在审美感知和体验作品的时候，而
这是上面引文中提到的第二个重要问题，需要加以考察。

建筑的审美体验

很多作者从各种哲学角度论述了建筑的审美体验（如
Rasmussen 1959; Scruton 1979; Mitias 1999; Carlson
2000; Rush 2009）。对于古德曼，审美态度不是纯粹感知作
品的被动沉思状态，而是综合一系列体验和过去的知识并将

作品阐释为艺术符号的主动行为：

> 审美"态度"是一刻不停的，是在探索着的，是在
> 考虑着的；因此，与其说这是一种态度，倒不如说，这是
> 一种行为，亦即创造与再创造。①

（Goodman 1968：242）

因此，审美体验主要是一种认知行为，一种"包括进行24
审视周密的辨认以及识别细致入微的关系"② 的"动态"过程
（Goodman 1968：241）；它是揭示作品意义的阐释过程。在
这个认知的主动框架中，建筑的审美体验表现出主要源自建
筑和其他建筑物的具体特征的各种独特性，这将它与其他艺
术的审美体验区分开。

建筑的审美体验通常从对作品的感知开始，尽管我们对
建筑的最初接触也可以通过平面、图像或描述而取得。虽然
在其他艺术中往往有一种感觉胜过其他（如视觉艺术中的视
觉、音乐中的听觉），但对建筑的体验和感知要调动所有的感
觉，并且它们会相互作用。对建筑的感知是多感觉的：通过视
觉感知形式和空间；通过听觉体会建筑物的声学特征；通过触
觉体验气味，甚至味道、温度、湿度和建筑材料的特质。更
进一步说，感知是一种身体的体验，即在欣赏一个建筑物时
我们会用整个身体进行互动：我们徜徉其中，与作品建立空间
的关系；我们聆听自己脚步的回声和材料的吱吱嘎嘎；我们感
受阳光的温暖或空调房里的凉爽；我们闻着地板和镶板的木料
或者刚刚粉刷的墙面的气味。我们的体验来自身体，也是因
为我们的感觉是依赖身体和运动的。要看某个东西，我们就

---

① 引自尼尔森·古德曼著，褚朔维译．艺术语言．北京：光明日报出版社，1990：
214.
② 同上。

会扭头，而我们的视角在运动、坐下、仰望或俯视时一直在改变；一般来说，我们的感知取决于我们的身材、运动的速度和特定的体征。

对作品的感知还是由建筑与人的大小差异决定的：

> 建筑作品与其他艺术作品在尺度上是有差异的。一座建筑或公园或城市不仅在空间和时间上比音乐演出或绘画大，更比我们大。

> 我们无法从一个视点看到它的全貌；我们必须在其周围和内部移动才能把握它的整体。

> （Goodman 1988：32）

尽管绘画是挂在我们面前的，我们可以决定是否去注视，但建筑物会将自身呈现给欣赏者，而且很难无视它。我们可以感到建筑包围着我们，或者反过来，通过环绕建筑去感知它。因此建筑作品是无法一下体验到的，而对室内外、正立面、背立面和侧立面以及多层建筑各层的感知必然是一种在时间和序列中的体验。我们的感知是要统合的，并形成一个我们从未实际感知到的整体；如前文所引，"一个建筑必须从各种异质的感受中总合而成。"（Goodman 1988：45）所以，感知已经是一种建构；存在的并不是纯粹的感知，而是从我们过去零碎的感知中形成的认知建构。而且这种感知是认知性的，只要认识到它已经受到我们过去知识和经验的影响，即古德曼的观点之一，就会清楚了。对建筑的感知可以从平面、模型、投影、图纸、照片、鸟瞰或虚拟漫游的具体知识中形成，因为这些能帮助我们在建筑物中辨别方向，并在现场识别各种构件和要素。我们先前的各类概念和知识都有助于区分不同的特征或细节；了解建筑的各种风格能帮助我们辨别罗马式或哥特式的拱券，并以此引导我们对建筑的感知。先前对其他作品的体验也能塑造后来对其他建筑的感知：如果我们在参观巴塞罗那大教堂时记得瓦利德沃伊罗马式教堂的空间体验，那么对大教堂的体验就会是轻盈和宏大。但如果我们将对大教堂中殿的这种感知与附近的哥特式海洋圣母教堂（Santa Maria del Mar）进行比较，那么对大教堂的感知就会比想到罗马式教堂时厚重得多。

建筑的另一方面——建筑的场地或位置，将建筑与大多 26
数其他艺术区分开，并形成我们审美体验的另一个方面：

> 不像绘画可以重新上框或悬挂，也不像协奏曲可以在不同的场馆聆听，建筑作品是牢牢地固定在一个缓慢变化的空间和文化环境中的。
>
> （Goodman 1988：32）

绘画和音乐作品通常不是场地特有的，而建筑一般都是场地特有的。除了移动式住宅、帐篷和其他可移动的建筑物，建筑都是限定在场地上的——一个不断变化的空间和文化场地。建筑的场地会影响我们的审美体验，所以它的环境是需要考虑的。通过某个建筑与相邻建筑的对比就能确定它们的大小关系：人们能够看出它是否与其他建筑形成了比例关系，以及它是否与所建的场所相协调。在某些情况下，场地会成为建筑的构成要素，比如弗兰克·劳埃德·赖特的流水别墅。尽管其他艺术通常无需考虑作品的空间位置（除了某些雕像、装置和大地艺术），但建筑必须从整体上去欣赏。

除了场地，还有其他与建筑位置有关的因素会影响我们 27
的审美欣赏。虽然绘画在墙上的悬挂高度，或者雕像在画廊中的准确位置，通常是与作品的审美欣赏无关的（只要作品的展示不致妨碍我们的感知），建筑在场地中的朝向和布局却是必须考虑的。显然，在展览中，会根据策展思路安排艺术作品的具体位置，而后作品的布置就必然会在各作品之间建立一种关联。当建筑作品的平面和模型以互动的方式进行展示时，就会出现同样的情况。因此，不只是空间环境，文化环境也会在我们欣赏建筑时产生作用，因为文化环境的不同会突出某些因素而弱化其他的。巴塞罗那奥古斯都神庙中留下的四个科林斯柱子并不是被罗马遗迹所包围，而是在一个哥特住宅的天井里（图1）。它们没有被视为塔伯山（Mount Taber）顶上广场内古罗马巴塞罗那（Barcino）城中神庙的一部分，而是后来建在大教堂背后的住宅的局部结构，使我们了解到在中世纪是如何欣赏罗马遗址的。这些柱子是19世纪末发现的，那时它们被重新当作艺术文物来欣赏，并因此从建筑的结构中独立出来，向公众展示。如今它们的展示方式让人能够理解历史上对这些柱子认知和阐释的变化。所以文化环境影响了我们对柱子的欣赏，其方式提升并改变了我们的欣赏，以及古德曼所强调的，这些柱子的意义。

图1　巴塞罗那奥古斯都神庙的科林斯柱子

与其他艺术相比，建筑的公共性显而易见。建筑矗立在大多数人生活的空间中，这就使它无法被忽视：尽管我们能决定是否走进博物馆去看收藏的艺术品，却不能无视我们生活的环境。建筑是公共领域的一部分，并因此具有伦理和政治的作用。

除此之外，建筑是集体感知和我们日常生活中使用的28对象，这就使得建筑的实用功能会胜过审美功能；而这正是日常审美所关注的（Light and Smith 2005；Saito 2007；Bhatt 2013）。这是将我们的建筑审美体验与其他艺术体验区分开的另一个方面，因为我们居住和使用建筑的很多目的往往与审美毫无关系。对建筑的审美感知需要从其实用功能上脱离开，即使这种实用功能会影响它的审美功能。古德曼认为：

> 在建筑和极少的其他艺术中，作品往往有一个实用功能，比如保护和实现某些活动，而它的重要性并不亚于其审美功能，并通常会支配之。

（Goodman 1988：32）

在纽约西格拉姆大厦（Seagram Building）里面上班的人只会认为这座摩天大厦是他们的办公楼，只关心对工作有影响的实用特征：他们知道是否冬天供暖系统太强、夏天空调太弱，知道哪个电梯更快，并抱怨百叶窗只有三种角度——全开、半开和全闭——因此很难控制办公室内的日照量。他们只有从西格拉姆大厦的日常体验中脱离出来才能进行审美欣赏：这座建筑的结构要素十分清晰，而上面挂着没有结构功能的玻璃和钢幕墙；百叶窗的三种角度虽然在工作时令人厌烦，但在今天被视为在立面上形成有规则的图案、并避免因员工将叶片拉至不同高度而出现混乱形象的一种方法。这座建筑的实用功能会影响其审美功能，反之亦然，其审美功能会影响实用功能。将我们的日常体验与审美体验区分开的可能性，使一个建筑物既可以被认为是艺术作品，又可以是单纯的建筑物。

29　　　因此，建筑的审美体验是由建筑的大小、功能和位置等具体特征决定的动态过程，同时还有一个具有决定性的事实：与大多数其他艺术不同，建筑的感知需要全部五种感觉。尽管古德曼强调审美体验主要是一种认知行为，但这并不意味着它不能是令人愉悦的，或者它不涉及感受和情绪。相反，因为不是所有的艺术品都会带来愉悦或唤起情绪（比如某些概念艺术品），所以愉悦和情绪就不是确定什么能发挥艺术或建筑作品功能的标准。在古德曼看来，建筑和艺术的主要目的是培养认识（进而构造世界样式），而在这一概念框架中，感受和情绪已经是认知性的：

在审美经验当中情绪担负着认识的功能。对艺术作品的认识，既通过感情，也通过情绪。[1]

（Goodman 1968：248，着重号出自原文）

在对作品进行审美体验时，情绪和感受就像我们的各种感觉，被用于甄别作品的符号功能。虽然我们是通过感觉感知建筑的某些特质的，但它所唤起的感受——从摩天楼的一角仰望它的体验，或在狭小的地窖中感到的压抑——能够帮助我们区分某座建筑上无法以其他方式体验到的特征。这些情绪的功能不会独立于我们的其他认知和感觉官能，而是审美体验中调动的诸多要素之一。也就是说，在艺术中，

情绪和认知是相辅相成的：没有理解的感受是盲目

---

① 引自尼尔森·古德曼著，褚朔维译.艺术语言.北京：光明日报出版社，1990：219.

的，而没有感受的理解是空洞的。

（Goodman 1984：8）

假如我们无法保留进入阴暗狭小的地窖中的感受，这种情绪就是无用的；没有情绪，就无可保留。不过，这并不意味着情绪在被理智化，而是认知在被感觉化：二者密不可分，在审美体验和普遍意义上的理解中相互依赖。

因此，问"何时为建筑？"而非"何为建筑？"表明将 30建筑放在了截然不同的语境中，并开启了通向广阔新领域的哲学探索。通过说明建筑物在发挥审美符号功能时才是建筑，不仅克服了本质论、意图论和机构论观点带来的难题，而且让建筑在意义和现实的构造中获得了根本性的作用。古德曼的多元论和功能主义方法以此让建筑物能够发挥以多种方式表达各种意义的符号的功能。作为一个符号，它可以有多重阐释（和曲解），而根据带有符号和符号体系特征的各种标准，如一致性和一贯性，我们就能从中区分对错。此外，不把审美体验理解为被动的沉思而是主动的行为，我们就能以之揭开作品的各种意义并加以阐释。建筑的大小、位置和实用功能等特征决定了我们的建筑审美体验以及建筑的各种意义和阐释。作品的这些不同解释并非外在于作品本身，而是构成了它。这就表明我们在对一个建筑作品进行审美体验的同时也在解释和构造一个世界。同样地，**建筑师不只是通过"塑泥"**（Goodman 1984：42）**构造物体，还因创造了符号而同时成为符号的创造者和世界的构造者。**

作为符号的建筑

> 　　指称的语汇和相关术语数不胜数：从几篇建筑论文的
> 短短几段中，我们就能读到使用暗指、表达、唤起、援引、
> 评述、引用的建筑；它们是有句法的、本义的、隐喻的、
> 辨证的；它们是含混不清甚至自相矛盾的！所有这些以及
> 更多的术语都会以这样那样的方式与指称有关联，并帮
> 助我们把握建筑表达的意义。
>
> 　　　　　　　　　　　　　　　　（Goodman 1988：33–34）

　　说建筑有所指称，就是说建筑是符号；因此在提供庇护或
满足任何其他实用功能之外，建筑还表达意义。这就有必要考
察建筑及其他建筑物发挥符号功能时意味着什么，并借此对建
筑中的暗指（allusion）、唤起（evocation）、引用（quotation）、
隐喻（metaphor）甚至矛盾（contradiction）等概念进行
分类和说明。本章论述了古德曼的符号和符号体系概念、对
各种指称方式的看法，以及识别和评判这些象征方式的意见。
本章集中在建筑象征的特性上，以更好地理解建筑师如何促
进认识，并促进世界或世界样式的进一步构造和再造。

符号与符号体系

　　古德曼将"符号"作为一种"十分一般而且并无任何色
彩的术语"[①]（Goodman 1968：xi）来使用：某物如果指称某

---

① 引自尼尔森·古德曼著，褚朔维译. 艺术语言. 北京：光明日报出版社，
　　1990：19.

物,那就是它的符号。"指称"也是在十分一般的意义上使用的,包括"代表(stand for)的所有情况"(Goodman 1984:55)。这种基本关系构成了该理论的基石,并因此无法由任何外在概念来定义,而是由指称的不同模式阐明的。假如定义"指称"是可能的,就意味着必须借助这一体系之外的概念;那就会将这些概念引入该体系,使"指称"不再是基本术语。借助内在概念定义基本术语也是不可能的,因为那样就会陷入循环论证。这就是基本或基础概念是说明而非定义出来的原因,亚里士多德对此已有论述(Posterior Analytics II,19 引自 Aristotle 1993:72-4;另见 Goodman 1984:55;Goodman 1988:124;Vermaulen et al. 2009)。因此,指称是通过两个主要模式进行阐释的——指谓和例示,此外还有表达和各种模式的复杂与间接指称,比如暗指、变体和风格。**指称的各种模式就是符号表义的方式;符号表达的意义是由符号体系决定的。**

32

符号不会独立存在,而是属于由一个格式(scheme)和一个指称域或范围组成的体系。符号体系有很多种(比如记法的、文字的、音乐的和图画的),其语义和句法特征决定了各个符号的意义以及我们阐释它们的方式。符号格式是由一套带有组合规则的字符组成的。每个字符都是由各种记号(mark)组成的,而格式的各种规则也决定了哪些记号对应着哪个字符。像英语这样的符号体系的格式是由拉丁字母和句法规则组成的,这种规则会决定"a"和"A"是同一个字符的记号,以及"hut"是这一格式的复合字符而"htu"不是。这一符号体系也是由各种语义规则控制的,它们决定了指称域,并规定了"hut"指称某种住所而非盖住头部的某种东西——那是"hut"在德语的符号体系中的情况。

符号体系因其语义和句法特征而异。根据特征的严格程度,

33

可以对这些体系进行分类，形成从分化或稀疏（attenuated）体系到非分化或密集（dense）体系的连续尺度。记法是符合最严格条件的体系，可以放在符号体系尺度上分化的一端（Goodman 1968: 127-73; Elgin 1983: 104-13）。在一个记法中，格式的一个符号在其范围中只有一个指称对象，并且每个指称对象都只对应该格式中的一个符号；用埃尔金（Elgin）的例子来说，邮编体系就是这样的，一个编码只对应一个地区，而每个地区只有一个编码。从句法上看，记法是字符无异的，因为一个字符的多个记号是可以互换的：10025、*10025*和**10025**都指称同一个邮编地区；它们在句法上是不相交的（disjoint），因为每个记号都只属于一个字符：1、*1*和**1**都只属于阿拉伯数字体系的字符"一"；并且它们是有限分化的，因为在理论上总是有可能确定一个记号属于哪个字符（有时1会被误认为小写的l，所以记法的这一方面仅在理论上成立，而在实践上不成立）。从语义上看，记法是清晰的，因为字符只有一个指称对象或对应类："10025"对应着纽约市唯一的地理区划；它们是不相交的，因为多个指称对象或对应类相互之间是不交叉的：邮编地区是不重叠的；并且是有限分化的，因为总是有可能确定指称域中的某个对象对应着哪个符号：给出一个地区就能确定它的唯一邮编。

其他符号体系也有记法特征，但不是那么完备：西方音乐记法满足成为记法的大多数条件，但没有语义不相交的条件，因为同一个音可以对应不只一个字符——例如，同一个音调对应着升 C 和降 D。自然语言都是记法范式而非记法体系，因为它们满足句法条件，但没有语义条件：英语包含歧义词（比如"right"和"cape"）并且在语义上是非不相交的（"building"和"hut"共有某些指称对象）。**平面、立面和剖面构成了建筑的记法**。大致来说，它们通常是有比例、规范化、指称（现有或待建）建筑要素的图纸。在楼层平面图中，一个圆指谓一根柱子，两条线指谓一面新的墙，带填充的两条线指谓一面现有的墙，一条带圆弧的细线指谓一扇门及其开启方向，等等。这种象征往往附带数字，即标明每个要素准确尺寸的符号，有时还有文字说明，即可以标明功能或材料的其他类型符号（比如"bedroom"或"glass"）。建筑中的记法包括多种方式的指称，汇总起来就形成了复杂的符号。对于古德曼而言，在辅助施工的实用功能之外，平面、立面、剖面还有另一个非常特殊的功能，即确定某一类艺术和建筑作品的个体性，称作"他来"。第 4 章解释了记法在确定个体性中的作用，并深入考察了建筑记法的特征，以确定它是记法体系还是记法范式，即更接近音乐的记法——乐谱，还是戏剧的记法——剧本。

　　最后，其他体系完全不属于记法，因为记法的句法和语义要求均没有被满足。这就是图画体系的情况，用古德曼的术语来说，就是在句法和语义上是密集的。密集体系在句法和语义上是非不相交的，这就意味着无法判断一个记号对应着什么符号，以及这个符号确切指称什么要素，此外，体系组成部分中的任何细微差别都会给象征带来相关的差别。例如，从西班牙奥洛特（Olot）的 RCR 建筑事务所设计的"浴榭"建筑草图（图 2）看，无法确定什么构成了记号或字符（无法判断各种灰色调是记号还是字符，也不可能确定它的边界），也无法给草图的任何要素指定特定的指称对象（无法判断再现河流的笔画是否也再现了水的不同色调、溪水本身或带河床的溪水）。图画体系也是相对充盈的（replete），而这是将其与图示等其他再现体系区分开的特征之一。我们来看古德曼比较葛饰北斋画的富士山和心电图的例子（Goodman 1968：229）。二者看上去是相似的：白底上一条起伏的黑色线条。而区别在于这幅画象征的范围比心电图广：虽然线

35

条的宽度和颜色在心电图中是无关的，却是画作的根本特征
之一。

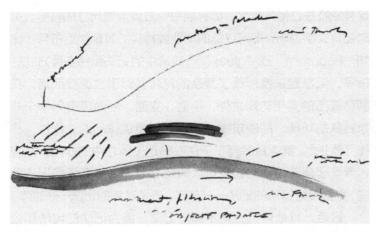

图 2　奥洛特图索尔斯 – 巴西尔（Tussols– Basil）的"浴榭"草图。RCR 建筑
事务所

图 3　奥洛特图索尔斯 – 巴西尔的"浴榭"模型。RCR 建筑事务所

36　　　绘画和图示都不是明晰的，但前者相对充盈，而后者稀疏。
同样的区别出现在最初的草图（图 2）和"浴榭"的建筑模型（图
3）之间。这个草图相对充盈是因为它所有的要素都与其符号
功能有关。另一方面，这个模型作为再现有比例的建筑三维图
示是稀疏的，因为只有某些要素是相关的：它象征着体积和比

例而非材料（混凝土和耐候钢）；尽管模型中有阴影，这也不代表建筑上的准确阴影。因此这个模型是稀疏的。二者之间的区别不在于草图是二维的、模型是三维的，而在于符号体系。有与所讨论的草图象征相似的草模——它们更充盈，也有与上述草模象征相似的渲染图——它们更稀疏。照片和建成建筑则还有其他特征：它们处处充盈、密集（图4）。

图4　奥洛特图索尔斯－巴西尔的"浴榭"。RCR 建筑事务所

　　符号体系涵盖了从稀疏到密集、从记法到图画体系的范围，**而全部体系都出现在建筑中：平面、立面、剖面、模型、图示、图纸、渲染图、草图以及建筑本身，所有这些作为各个体系中的符号都可以放在由各种符号体系构成的连续尺度上**。它们之间并不总有明确的区别，有时多个符号体系是并存的，比如包含带比例的图纸、数字和文字说明的楼层平面。这三个符号体系有共同的记法特征，但这并不是必需的；包含

37

密集和稀疏要素的混合情况也是存在的：

> 而校园的沙盘，用绿色制型纸来做草地，用粉红色
> 硬纸板来做砖墙，用化学胶片来做玻璃，等等；这种模型
> 就空间尺寸方面来说是模拟性的，而就材料方面来说则
> 是数字性的。[①]

（Goodman 1968：173）

模拟与数字体系之间的区别是描述密集与非密集之间差别的另一种方式。上一段描述的模型以模拟的方式象征尺寸，因为没有给出准确的尺寸，也不可能从模型中推算出来——它是处处密集的。相反，材料是以数字方式象征的，因为模型中的每种材料都仅指称一种建筑材料，而每种建材都仅由模型中的一种材料指称。模拟与数字体系之间的区别（密集与非密集）可从模拟与数字温度计之间的不同符号功能上看到：数字温度计会给出准确的温度，而从模拟温度计上无法判断水银显示的准确的结果（Goodman 1968：159-164）。那么建筑草图和图纸就是模拟的，并可以放在符号体系尺度的另一端，与记法相对。

建筑以及任何类型的符号都在一个或多个符号体系中发挥功能，因此可以有多个指称对象并以不同方式进行象征。人们需要了解或至少是熟悉符号体系才能恰当地阐释符号。教堂象征基督教、清真寺象征伊斯兰教、犹太会堂（synagogue）象征犹太教的体系，这些都与将建筑类型与宗教联系在一起的记法体系相似。然而，同一座教堂象征哥特风格的体系又将建筑与风格联系在一起，而这座教堂指称某种气氛、雄壮或神圣的密集体系的特征又与图画体系相似。在后一体系中，

[①]　引自尼尔森·古德曼著，褚朔维译. 艺术语言. 北京：光明日报出版社，1990：159.

每个区别都会给作品的符号功能带来区别。关于宗教和宗教建筑类型的某些知识，或至少是粗浅的认识，是将这些建筑阐释为指称了特定信仰所需要的，而关于建筑风格的知识是将某一座教堂阐释为指称了哥特风格所需要的。显然，知道得越多，就越有能力阐释建筑的各种意义。法国哥特和诺曼哥特窗中都有两个券，但只有知道它们特定特征的人才能辨别某一座教堂象征的是哪一种。在各个符号体系中，建筑的指称有不同的模式。

指谓

指谓是一个标示（label）与所标示对象之间的关系。这些标示不仅是文字上的：房子（house）一词与其发音、一座房子的描述、照片和模型都指谓一座房子。有的符号指谓单一的对象（泰姬陵），有的指谓一般性的（建筑），还有的不指谓任何东西或者是空指谓（巴别塔）。在最后一种情况中，意义是由对巴别塔的一组描述（description）和描绘（depiction）决定的，它们将符号与空指称区分开：巴别塔与霍格沃茨城堡 39（Hogwarts Castle）都是空指谓，但它们不是相同的符号，因为它们的描述和描绘不同。在古德曼的术语中，空指谓的各个符号有共同的主要外延（空），但次要外延不同（多个描述与描绘）。因此在缺少指称对象时，标示不指谓其主要外延，而是由它的多个次要外延指谓（Goodman 1984: 77-80）。

指谓可以是本义，也可以是隐喻义："绿色建筑"既指谓刷成绿色的建筑，也指谓环境友好的建筑。古德曼列出了四种指谓：文字的、图画的、引用的和记法的（Goodman 1984: 55-59）。**尽管建筑通常没有指谓作用，平面、立面和剖面在记法上会有指谓作用；相对罕见的文字和图画以及引用的指谓**

值得考察，以更好地理解复制品和虚构建筑进行象征的方式。

　　首先，建筑中的文字指谓出现在题字（inscription）中，因为它们被认为是属于建筑的，而非附加的要素。这发生在建筑的某个部分或整体可以被认为是在一个文字体系中发挥功能的时候，例如，建筑由于其形状可以被阐释为字母时。所以得克萨斯州沃思堡（Fort Worth）现代美术馆的梁可以被认为象征字母"y"，巴塞罗那天然气公司总部象征大写的"L"。语境可以帮助消除某些歧义：多伦多大学研究生公寓的圆形物指称的是元音"o"而不是数字零，因为它对应着多伦多的最后一个字母，这个字母在建筑立面上一半是印刷的，一半是立体的。

　　建筑中的图画指谓出现在建筑象征的方式与再现某物的绘画相似时。和文字指谓一样，建筑的某些要素有再现作用，比如马赛克、雕塑和浮雕，但只有在被当作建筑的组成部分而非附属的条件下，才被认为是建筑中图画指谓的例子。恰当的建筑图画指谓情况有：安东尼·高迪的圣家族教堂（Sagrada Família）钟楼再现附近的蒙塞拉特山（Montserrat）（Goodman 1988：34，37），悉尼歌剧院再现帆船、贝壳或凌乱的白发，苏格兰的邓莫尔温室（Dunmore Pavilion）再现菠萝（见原书第60页图9），以及面包圈、奶瓶、冰激凌或对折盒造型的建筑再现所售的产品。

　　完整再现建筑的特殊情况是副本或复制品。世界各地有多个埃菲尔铁塔的复制品，拉斯韦加斯、得克萨斯州帕里斯（Paris）、田纳西州帕里斯（Paris）各有一座，中国有两座，再现的都是法国巴黎的埃菲尔铁塔。田纳西州纳什维尔的帕提农神庙是雅典帕提农神庙的副本，并以此再现后者。多个副本再现其他建筑的情况并不一定表明它们的象征与原物相同。被再现与再现的建筑之间的区别在于，后者指称前者，而前者不再现后者，通常也不再现自身。拉斯韦加斯的埃菲尔铁塔再现法国巴黎的那座，但法国的那座不再现拉斯韦加斯的那座，也不再现自身；而拉斯韦加斯的铁塔也不再现得克萨斯州的那座。因此，各个副本都有符号功能——再现另一座建筑——而作为原本的建筑没有。除此之外，一个复制品可能与所再现的建筑有相同的象征，也可能没有，如果有，其象征的方式也无需相同。巴黎的埃菲尔铁塔与拉斯韦加斯的埃菲尔铁塔均象征法国，但巴黎的那座还象征法国大革命一百周年（1889 年落成）以及 19 世纪末法国的技术实力。拉斯韦加斯的埃菲尔铁塔可以通过指称的链条象征法国大革命一百周年。但若称它象征 19 世纪末法国的技术实力就更难了，因为拉斯韦加斯的埃菲尔铁塔是 1999 年用各种当代技术建成的，所以，在 1889 年建成并作为法国巴黎埃菲尔铁塔所象征的法国技术巅峰的属性在复制品中是没有的。原本的其他象征在副本中也可能丧失：拉斯韦加斯的复制品大小是原本的一半，这表明埃菲尔铁塔以其尺寸象征的一切，比如雄伟，在复制品中都没有得到象征，除非有人认为拉斯韦加斯的埃菲尔铁塔以讽刺的方式象征着雄伟。与副本和复制品密切相关的是个体性问题：纳什维尔的帕提农神庙是雅典那座的副本，但一个住区中的多个相同住宅则不被认为是副本，而是同一个作品的实例（instance）。这一区别将在下一章考察。

与通常的假设相反，再现并不需要与所指谓的对象相似。首先，相似是对称的，而再现不是，因为与某一对象最相似的就是对象本身，但一个对象往往不再现自身；相似是相互的，而再现不是：邓莫尔温室再现的是菠萝，但菠萝不再现邓莫尔温室。其次，无法让一种相似胜过其他，也就无法让我们为再现建立最合适的相似标准。圣家族教堂的照片、底片、高迪的图纸、纪念品、虚拟模型及任何其他描绘都再现圣家族教堂并与之相似；虽然再现的方式不尽相同，但它们都是同样合理的再现。再次，再现不是以模仿或复制为基础的，因为并不清楚要在什么情况下模仿哪些特征才能再现一个对象，甚至不完美的复制品也可以再现：只描绘了圣家堂四座尖塔的画仍然可以再现整座教堂，而一幅未完成的图纸也可以。

42   很多情况表明，再现的基础不在于与现实相似。和文字指谓一样，图画指谓也可以有多重方式和一般的方式：纽约 JFK 机场的 TWA 航站楼再现了一只展翅起飞的鸟，但它并不再现任何实际存在的鸟，所以与现实相似不是再现的问题。图画指谓也可以不指称任何东西或者是空指谓，比如维罗纳（Verona）的朱丽叶之家（Ju liet's House）和迪斯尼乐园中的灰姑娘和睡美人城堡。这就是古德曼区分"某物的画"与"某画"的原因：被描绘物在"某物的画"中是存在的，而在"某画"中存在与否皆有可能。换言之，"某物的画"是"某画"中的一类：在所有再现房屋的绘画中，只有一些再现存在的房屋；在所有房屋画中，只有再现存在的房屋的那些是房屋的画（Goodman 1968：21-26）。因此朱丽叶之家就是一个"朱丽叶之家的再现"，即一个符号，而非《罗密欧与朱丽叶》中所指称的东西。这个例子无疑令人混淆，因为它是卡普莱特（Capulet）家府唯一建成的再现。它位于莎士比亚戏剧中的同一座城市，并且为了旅游，它谎称是该戏剧的实际场景之一，所以莎士比亚描述的房屋看上去就是对维罗纳实际存在的一座房屋的"描述"，也就是我们现在可以参观的这座。虽然再现虚构物的绘画和雕塑往往不会造成混淆，但虚构或空指称的建筑可以认为是被指谓的东西而不是指谓的东西，因为它们在一个实在性的体系中以实在性的象征发挥作用：再现虚构物的建筑是三维的，与实际建筑大小相同，并以实际的建筑材料建造，而这与不再现任何东西的建筑是一样的。此外，不指谓任何东西的建筑也可以通过其他方式象征其他东西，并发挥实用功能，而这会掩盖其象征

的虚构特征。朱丽叶之家充分发挥了旅游胜地的功能；它完美 **43**
地实现了保护一种活动的基本实用功能，又象征着代表永恒爱
情的场所，或 20 世纪中叶复原房屋的方式。

在区分"某画"和"某物的画"之外，古德曼提出了深入
理解图画指谓的另一种区别，即"再现"与"再现为"的区别
（Goodman 1968：27-31）。典型的再现为的例子是将某人再
现为他人或他物的漫画；再现为的一个例子是迪斯尼乐园的睡
美人城堡，它将这座童话城堡再现为新天鹅堡，即巴伐利亚路
德维希二世的宫殿。再现与再现为之间的区别与相似无关，而
与分类有关：所有指谓为新天鹅堡的绘画和描述构成了进行指
谓的符号的一个子群。这种组织方式会突出某些共同的要素，
指出之前被忽视的特征，并将这个再现为与其他的区分开。将
睡美人城堡描绘为新天鹅堡会让人把这个童话与路德维希二世
[也被称作童话国王（Märchenkönig）] 居住的幻想世界联系
起来，从而引发另一个睡美人城堡指谓（比如格林童话中的描
述）没有的一系列象征；因此再现为具有一种认知作用，并且
是相关的（Elgin 2010）。所以，文字和图画指谓都是分类而非
再现现实的手段；它们促进构造世界的方式将在最后一章讨论。

最后，引用是一种主要出现在文字体系中的指谓，其特
殊性在于它需要"包含"（containment）和"指称"，即"被
引用的对象必须包含在进行引用的符号之中"（Goodman
1984：58；另见 Goodman 1978：41-56）。上一句话包含
了一个片段并指称了它，因此就是引用。引用有两种：直接引
用——以引号表示；以及间接引用——以"他们说"等方式表
示。对于后者，被引用的对象可以是复述或改述的。以此类比，
一座建筑要引用就必须包含并指称被引用的对象。不过，建
筑的引用比文字引用更复杂，主要原因在于它不仅是一种指
谓，还需要例示。尽管有时建筑会包含其他建筑 [哥里（Gori） **44**

的斯大林博物馆包含了斯大林出生的房子],但一座建筑无法放在引号里去引用。此外,创造一座建筑的完整复制品并将其引用在另一座建筑上是有问题的(斯大林出生的房子是他真实的出生地,而非复制品,所以这座博物馆就无法引用它,因为没有其他可引用的原建筑)。不过,如果广义地理解"包含"和"指称"的要求,让建筑无需准确包含被引用的对象,而且建立指称并不只是需要引号或间接表达等手段,就仍能说建筑可以引用。通过这种解释,就可以理解伯纳德·屈米(Bernard Tschumi)的哥伦比亚大学勒纳楼(Lerner Hall)和阿尔多·罗西(Aldo Rossi)在佩鲁贾(Perugia)和柏林的公寓楼与菲拉雷特的威尼斯公爵府(Ca'del Duca Palace)之间的象征关系是引用(图5~图7),因为屈米和罗西的建筑在转角都包含一个没有柱头的柱子,而这正是引用菲拉雷特在公爵府转角柱子的指称(见 Capdevila-Werning 2011)。

图5　哥伦比亚大学勒纳楼。伯纳德·屈米

图6　柏林威廉大街（Wilhelmstrasse）公寓。阿尔多·罗西

图7　威尼斯公爵府的菲拉雷特柱

　　指称的第二种主要模式是例示，"建筑作品表义的主要方式之一"（Goodman 1988: 36）。古德曼将例示定性为"具备（possession）加指称"（Goodman 1968: 53）；当一个符号同时拥有并指称其某些而非全部实际具备的属性时，就是例示。例示是选择性的。裁缝的样本具备数量无限的属性，但只例示其中的一些：它通常例示质地、色彩和图案，但不例示尺寸、形状及其制作时间和地点（Goodman 1978: 63-65）。同样地，一座样板房通常例示房间的大小和数量、布局和建筑材料，但不例示位置、装饰、家具、墙面色彩和建造公司。

　　指谓仅表明从标示到被标示物的关系（从"红色"标示到红色颜料样品），而例示需要一种双重关系：从被标示物到标示，再从标示回到被标示物（从红色样品到"红色"标示，再回到红色样品，这个颜料样品实际为红色，即具有呈红色的属性）。一个符号例示的东西并不总能准确地文字化：没有一个词表达红色准确的色调、光泽和对光线的反应，但这并不意味着缺少指称对象。相反，正是因为有时没有与所例示属性相对应的准确文字，我们才会借助例子或样品，就像我们在选择颜料色彩的时候会做的那样。**例示为某些难以明示的属性提供了特殊的认知途径。**一座样板房例示了各种特征，比如建筑材料，这些特征当然也有蓝图的指谓，但通过例示就能获得对这些材料某些特殊性的独特认识。

47　　　例示出现在我们的大多数实践中：样品、例子和范本会在参观样板房、挑选墙面颜色、学习数学定理、管弦乐队调音、科学试验或搭配动词时起作用。例示也出现在艺术中。与任何其他符号一样，所例示的东西是由符号体系决定的，需要阐释来解读符号的意义。但样本和例子一般是在完善、固定的体系中发挥功能的，而建筑和艺术作品不是——它们是被插入密集体系中的。颜料样品往往是以一种方式阐释的，建筑和艺术作品则可以接受多重同样正确的阐释。样品通常只以一种方式（通过例示）象征某些属性（颜色和成品表面），艺术和建筑作品能够以多重方式象征多种特征。然而艺术的例示是选择性的：尽管一件作品具备重量或完成日期，但往往不例示这些属性。**建筑和艺术作品是非常特殊的一种样品，它们是"大海中的样品"（Goodman 1978：137）。这就意味着我们绝不会知道将发现什么，而且，不同于直接阐释的颜料样品，建筑作品的阐释是开放的、永无止境的。**

相应地，一座建筑在发挥类似样品的功能时，就是例示。当它在一个密集体系内发挥功能时（就像大海中的样品），那么它就是艺术象征，我们就称之为建筑作品。在这里可以再次看出为何古德曼的方法是功能性的：一个建筑物是否为建筑作品，取决于体系。建筑例示的范围极为广泛，因为一切具备的属性都可以被例示。尽管如此，一些特殊性能带来按例示特征的分类：形式、机构、建造要素、材料和功能。这种分类既不穷尽也不排他（建筑同时可以例示其他特征并以其他方式象征），但澄清了建筑例示的方式。最重要的是，它说明了建筑和建筑师如何能通过创造原创的象征和突出曾经只是具备的特征促进理解。这些过程进一步推动了世界的构造。

建筑可以例示其形式或某些构件的形式以及任何与形式有关的特征：几何形状、平面、线条、水平性、垂直性、起伏、平坦等。金字塔、尖塔、方尖碑和屋顶例示其各自的形状；悉尼歌剧院和毕尔巴鄂的古根海姆博物馆例示起伏和曲线；巴塞罗那馆例示水平性，西格拉姆大厦例示垂直性和直角形；帕拉第奥的圆厅别墅例示比例；有些教堂例示拉丁十字，其他的例示矩形或圆形。扎哈·哈迪德（Zaha Hadid）的设计以例示

48

其形式特征胜过其他特征而著称，这种对形式的探索引导着建筑以不可预见和预知的方式进行例示。

一座建筑在构成它的建造要素被象征时，例示其结构。这就意味着结构必须能与建筑的其他非结构要素区分开，且结构必须是一个突出的特征。这种强调可以通过突出结构（即埃菲尔铁塔和哥特教堂例示其结构的方式）或用其他建造要素凸显结构，即芝加哥约翰·汉考克大厦（John Hancock Tower）那样的方式实现。在这里，结构在建筑的表皮上，其外挂的方式比楼板的分隔和窗户的排布更突出。具体来说，从建筑立面上看到的不是结构本身，而是包围结构的挂板，结构就以这种方式得到例示。

古德曼例示建筑结构的例子是赫里特·里特韦尔德（Gerrit Rietveld）的施罗德住宅。根据威廉·乔迪（William H. Jordy）关于该住宅的线性要素与平面"显示了这座建筑'构造'"的一段文字，古德曼提出"这座建筑的设计意在有效地指称其结构中的某些特征"（Goodman 1988: 38）。不过，施罗德住宅例示的是形式而非结构，因为所例示的平面和线条与建筑结构无关：例如，这些要素无助于将承重墙与隔墙区分开，而是突出了其他特征，比如垂直性，所以指称的是形式。

形式的例示和结构的例示似乎都意味着形式和结构应是明显或突出的，如此方可被例示。然而，这无法被推广。建筑的结构可以被例示，即便不是可以直达的：例如，当进入一座哥特教堂时，人们会先忽略它的结构，只有在仔细观察区分支撑建筑的柱子、拱券、拱心石和肋拱后，才看出所例示的结构。形式也有同样的情况：博罗米尼（Borromini）的罗马圣依华堂（Sant' Ivoalla Sapienza）非常微妙地例示了形式，其复杂的几何形体暗含了平面以及圆形和三角形的构图；只有在分辨出它们之后才能看出这种几何构图的例示。形式、结构和任何其他属性的例示都无需显而易见，可以是微妙而隐晦的。

　　建筑还可以例示其某些建造要素，比如墙体、门窗、屋顶或阳台。弗兰克·盖里的麻省理工学院斯塔特中心例示了它的某些窗户，因为它们看上去仿佛会从窗框中掉出来。巴黎的乔治·蓬皮杜中心（Centre Georges Pompidou）例示了其设备要素，并通过让它外露于建筑（而不是将它们隐藏在 槽内或墙体中）和给管道涂色使之突出：空调管道是蓝色，电气管道是黄色，水管是绿色，电梯缆绳是红色。蓬皮杜中心通过使楼梯外露并涂成灰色例示了楼梯，又通过悬挂楼板的白色钢架例示了结构。一座建筑还可以例示曾用于施工、但竣工后就不再属于建筑的某些要素。浇筑用的木构件在混凝土上留下的印记就是这种情况，模板是让湿混凝土定形所必需的，而印记例示了用于施工的木板。卡洛·斯卡帕（Carlo Scarpa）的作品就是这种例示的一个完美例子。同样地，标明模板螺栓位置的浇筑插孔例示了混凝土成形所用的浇筑材料，这在路易斯·康的很多项目中都能看到。

　　建筑也可以例示其建造材料（石、砖、混凝土、铁、木材、大理石或玻璃）及这些材料的某些特征（石的纹理、砖的色彩、混凝土的粗糙、铁的沉重、木材的纤维性或玻璃的透明）。巴塞罗那馆的条纹大理石墙例示了这种石英的光泽以及它的水印和平滑。彼得·卒姆托（Peter Zumthor）作品的特点在于例示了木材的特征（色彩、纹理、纤维印、温暖）。粗野主义建筑以例示构成建筑的无抛光混凝土著称。某些建筑以同时例示一种材料的多种属性而成功，比如最近由莱斯·魏因茨阿普费尔（Leers Weinzapfel）建筑师事务所完成的哈佛大学科学中心（Science Center at Harvard University）扩建项目（图 8）。扩建的立面由规则的半透明玻璃槽和透明的窗户图案组成。随着一天中光线的变化（白天的自然光与夜晚的人工照明），玻璃的不同特征就会得到例示——透明、半透明、不透明和反射。这些属性又被用于更多的例示：在夜晚，当建筑内部的人工照明达到外表，内部的物体就形成了被例示的阴影图案。此外，科学中心的玻璃立面卷入建筑内部，并在那里例示其他属性：玻璃不仅是一个平面，现在还例示其厚度和形式。

图 8　哈佛大学科学中心。莱斯·魏因茨阿普费尔建筑事务所

最后，建筑可以例示其功能。古德曼强调，通常被认为是功能"表达"的东西即是他术语中的"例示"，因为功能是真正具备的，而不是通过隐喻具备的（Goodman 1988：41）。回想之前的例子，很多再现某物的建筑也例示出售、制造或包含该物的功能。描绘冰激凌、热狗、汉堡包或面包圈的建筑通常例示出售这些食品的功能；野餐篮建筑例示制造篮子的功

能，描绘电影胶片盘的电影院例示放映电影的功能。在所有这些情况中，功能的例示是通过描绘指称建筑功能的某物实现的。然而，并非所有描绘某物的建筑都例示功能：曼谷的机器人大楼并不例示制造机器人的功能，马里兰州银泉区（Silver Spring）的鲨鱼大楼也不例示包含鲨鱼的功能。在这些例子中，建筑的功能不是通过所描绘物例示的。

除了通过描绘来例示，功能还可以通过其他方式例示。 工厂通过工业烟囱、电梯、大门和放置机器的大房间例示制造的功能，从而以建筑的某些要素例示功能。然而，这不能一般化，因为建筑会改变功能，并继续例示早先的功能，就像现在用于居住或其他活动功能的工厂。在这里有两个选择：要么建筑继续例示早先的制造功能，要么建筑的功能与建筑形式再无关系，并因此只例示形式而没有功能。还有一些其他情况无需任何形式特征即可例示功能。斯塔特中心和科学中心都例示学院建筑的功能，而只有符号体系的各种特征（如根据其活动对建筑分类）是例示功能所需的。因此，形式不是例示功能的必要特征；也不是充分特征：形式可以是某种功能的标志（indicator），但这不意味着例示了功能。人们能够区分公寓楼和银行是因为前者有某种屋顶、窗户和入口，而后者有宽大的入口、体面的材料和安保要素。这些特征实现了功能的识别，但由于例示需要兼有具备和指称，所以只有也发挥符号功能的建筑才能例示功能。

著名的现代主义口号"形式服从功能"不一定需要古德曼术语中的符号关系，即"形式例示功能"或"通过形式，功能得到例示"。一座建筑按这一原则设计，或者建筑师的意图如此，都不会让形式例示功能。即使建筑的形式服从了功能并独立于功能的准确意义，依然不能表明形式象征了功能。

明晰

上文讨论的大多数例示情况中，都似乎有一个中间要素，即建筑自身的一个特征，使所具备的属性能被指称。在汉考克大厦，结构的例示是通过将结构放在表层并覆以突出这种结构的挂板实现的。在蓬皮杜中心，设备要素是通过将其放在立面上并涂以明亮的色彩例示的。在哈佛大学科学中心，玻璃的特征是通过有规律地排列玻璃窗和凹槽，从而突出材料的特征来例示的。这些突出建筑某些特征的模式就是明晰的过程，它们可以理解为在建造中组织设计要素的某种联系（Ching 1995：52）。明晰的目的是将建筑的多个部分合为一个整体，同时突出每个部分；明晰追求的是整合与区分。根据这一点，并考虑之前的例子，似乎可以看到明晰是建筑实现例示必须具有的形式、材料或构造条件。似乎形式、结构、建造要素、材料或功能的某种明晰是先于例示且对其必要的。尽管在这些情况下，某种程度的明晰的确实现了例示，即在这些情况下，明晰发挥了作为单纯具备和指称之间中间步骤的功能，但明晰对于例示既不是必要条件也不是充分条件。假如明晰是例示的必要条件，就意味着不存在没有明晰的例示；假如明晰是例示的充分条件，就意味着明晰的存在保证了例示的存在。但二者都是不成立的：很多被例示的特征（比如作为学院建筑或者原创或开创性建筑）都不需要明晰，并且从另一方面看，

仅有明晰并不确保例示（建筑的紧急出口是明晰的，但没有被建筑指称）。

明晰对于例示既不是必要条件也不是充分条件，但这并不排除明晰在建筑的象征中发挥着重要作用。在某些情况下，比如结构的例示，就很难找到不通过明晰来例示的建筑作品。**明晰是建筑师强调建筑的某些特征，并以这种方式暗示能被**

例示的特征的手段；它是建筑师实现象征并提出阐释的一种方式。此外，明晰是在阐释和评判建筑作品时要考虑的一个因素：两座建筑可以例示同样的特征，而一座可能在例示这些特征时因明晰不同而比另一座更成功。

表达

和指谓一样，例示可以是本义或隐喻的。上文讨论的所有情况都是本义的例示。一座例示绿色建筑的环境友好建筑属于隐喻的例示。如果它还被涂成了绿色，那也在本义上例示绿色建筑。当隐喻的例示出现在艺术符号体系中，古德曼便称之为表达（Goodman 1968：85）。因此，表达是一种指称的模式，而不应与艺术家感受的表现或在观众中唤起的情绪混淆。一个艺术或建筑作品确实能表达感受和情绪，但也能表达任何其他隐喻的属性。要理解建筑如何表达，必须首先简要讨论一下隐喻和隐喻的例示。要注意，古德曼关于隐喻的论述（Goodman 1968：68-95；Goodman 1976：102-107；Goodman 1979；Goodman 1984：71-77；Elgin 1983：59-70；Elgin 1996：53-72；Elgin 1997b：197-204）不是对隐喻的唯一哲学解释，并且他对隐喻的讨论与其他论述是相反的（Davidson 1978；Fogelin 1988）。

古德曼以一种隐喻的方式将隐喻描述为"给旧词教新把戏——以新方式用旧标示"，"在不忘前爱的谓语和又恨又怕的宾语之间的风流事"以及"算计好的范畴错误——或说是一场幸福回春的再婚，即便这是重婚罪"（Goodman 1968：69，73）。在隐喻的转化中，标示承担了新的功能，使隐喻被当成月下偷欢（Goodman 1978：104；Goodman 1984：71）。因此隐喻就是把有既成用法的本义标示用于不属于这种本义用法的对象。这种新的用法在早先的本义用法引导下创造出某种冲突和矛盾。通过阐释符号体系的要素，就能确定某个词在每个语境中是哪种隐喻用法在起作用。例如"绿色"标示在本义上区分出了颜色为绿色的物体，而在隐喻上可以将环境友好与污染更大的建筑、嫉妒与不嫉妒的人，或者不成熟与成熟的项目区分开。将"绿色"用于环境友好的建筑是通过指称链建立的，它的基础是早先将"绿色"用于自然和自然环境的本义用法，而将"绿色"用于不成熟项目的基础是将"绿色"用于未成熟水果的本义用法。通过阐释我们就知道，"绿色"在一个语境中指称环境友好，而在另一个语境中指称不成熟。尽管我们可能不知道绿色与嫉妒之间关系的根源，但这不妨碍隐喻的用法。标示的隐喻用法取决于本义用法，但二者之间的界线会变化。当一种隐喻的新颖与活力消失、其用法成为惯例时，这种隐喻就会变得习以为常并固化下来。将一个本义词用于新对象时出现的最初冲突消失了：颜色在隐喻上有冷暖，音调在隐喻上有高低，但这个隐喻再也没有活力了（Goodman 1968: 68）。

隐喻有其自身的真假值，这是由隐喻所属的符号体系决定的："白宫是一座绿色建筑"在本义和隐喻上都是假的，因为它既没有被涂成绿色，也不是环境友好的；"我表亲的农房是一座绿色建筑"在本义上是假的，但在隐喻上是真的，因为它是褐色的，并且是环境友好的。因此可以通过与判断本义标示用法真假相同的方式判断隐喻的真假值：即在一个符号体系中阐释标示及其用法。在自身的真假值之外，隐喻还有认知价值和本义表达所缺少的解释力。只要隐喻允许在不同语境中使用相同的词，它对语言的经济性就是有利的。不过，这不需要限制我们表达事物的方式，而需要一种创造性的过程来建立新的关联，并指出本不可能产生的内容。"绿色建筑"

的隐喻区分出了环境友好的建筑，而"这座建筑比那座更绿色"的表达在环境友好的建筑中建立了一种新的组织关系。**隐喻难以在本义上进行彻底的改述，所以新的隐喻分类才会真正促进理解。**和本义符号一样，某些隐喻在带来新见解和新的组织关系上比其他的更成功，但这不意味着不成功的隐喻缺少认知价值：它们可能乏味、平庸或指向某些明显错误的特征。和所有其他符号一样，隐喻可以被评价；它们可以被评估，可以接受阐释，并受共识的影响。

隐喻的指谓要将隐喻的标示用于某物，而隐喻的例示需要指称在隐喻上具备的属性。一座建筑在具备环境友好意义上的绿色属性时，就会在隐喻上例示绿色建筑，并建立进一步的指称。同本义的例示一样，仅仅是一座绿色建筑不足以象征，还需要一个符号体系内的指称。还要注意，具备一种隐喻属性并不意味着它不是真的具备：

> 隐喻性的占有确实并不是真正的占有。但是，占有无论是隐喻性的还是真正的，却都是实际上的占有。[1]
>
> （Goodman 1968：68，着重号出自原文）

无论检测隐喻属性是难是易，都不意味着它们不是实际的属性。和隐喻的指谓一样，一个符号在隐喻上的例示取决于早先的本义用法，并且和本义属性一样，隐喻属性不是任意的，而要接受验证。一座房子如果实际上是环境友好、低能耗或无污染的，就只能例示隐喻上的绿色。如果它是一座不满足任何环境友好条件的建筑，那就不具备绿色的隐喻属性，也就不能例示这种属性。肯定一座建筑在隐喻上是绿色的，不会使建筑真的变成绿色。仅有约定是不够的；具备与进一步

---

[1]　引自尼尔森·古德曼著，褚朔维译，艺术语言.北京：光明日报出版社，1990：78.

的指称对于本义和隐喻的例示都是必要的。

　　隐喻的例示与表达之间的区别在于，后者出现在艺术符号体系中，而前者不是。这并不排除同一个符号可以同时在隐喻上例示并表达它的某些属性。符号可以有多重指称，同时以多种方式象征相同或不同的属性。经过降低能耗的翻修后，帝国大厦亮起了绿光：这座摩天楼在本义上例示了绿色，又在隐喻上例示了绿色，并表达为一座绿色建筑。然而，同样的绿光不只象征这些：帝国大厦亮起绿光以庆祝斋月（Ramadan）的结束、纪念罗宾·胡德基金会（Robin Hood Foundation）和庆祝地球日。阐释对于确定被象征的对象以及象征的过程是必要的。

　　表达作为指称的一种方式是借助隐喻和例示来解释的，但它不只是隐喻和例示在一个艺术符号体系中的结合。一座建筑能够发挥隐喻的功能，且不通过表达来例示：泰姬陵是"挚爱"的隐喻，并例示了构成它的大理石，但不表达二者。将表达定义为实际具备的隐喻属性的指称需要让感受、情绪或任何隐喻属性出现在符号自身上，而不是艺术家或观众上。这也意味着情绪与艺术家、观众或作品的内容之间不存在因果关系：艺术家不必感到悲伤才表达它，演员不必真的悲伤才表达出来，作品不必再现或描述一个悲伤的场景才表达这种感受。因此：

　　　　一座建筑可以表达它没有感到的感受，它无法思考或表述的思想，它无法进行的活动。

（Goodman 1988：40）

　　而且这种表达能独立于创作者和观众的感受、思想和活动，因为它实际具备了这些隐喻的属性。与例示一样，**建筑师能运用某些机制，比如"明晰"，使一座建筑适于表达某些**

属性，尽管这不表明机制与所表达属性之间的因果关系，也不表明这种建筑方式会成功表达某种属性。此外，建筑能在无表达意图的情况下进行表达。与例示一样，明晰对于表达的实现既不必要也不充分，但它却是促成表达的一种建筑手段。有无数的隐喻属性可以表达，并且有时表达是通过其他模式的象征实现的。下面的例子不以穷尽为目的，只是列举建筑表达的不同方式。

古德曼在建筑表达上的例子是巴伐利亚的维森海里根教堂（Vierzehnheiligen Basilica），它表达的是切分（syncopation）和动态。这座教堂的空间并没有真的音乐演奏或移动，而是它的组织关系在隐喻上呈现出切分和动态的特征。在这种情况下，这两个标示的隐喻转化是由建筑的某些例示属性暗示出来的。古德曼在这座教堂的拱顶上指出了这些属性，这个拱顶不是"一个起伏的壳体，而是一个被其他形状打断的平滑造型"（Goodman 1988：40）。正如音乐的切分，将重音从强拍换到弱拍，形成回归或预示重音的效果，这个拱顶也被其他拱顶打断。而后者突出了拱顶原本隐于背景中的某些部分，这样就形成了出人意料的韵律。同样地，动态是通过组合起伏的形式、弯曲的造型以及打通大小各异的空间实现的。在维森海里根教堂，表达是通过例示实现的。不过，这不能一般化，否则就只有能例示的建筑可以表达了。更有甚者，例示与维森海里根教堂相同属性的建筑也会表达切分和动态。**某些被例示的本义属性和某些被表达的隐喻属性之间没有因果关系。**如下文所述，在许多情况下表达都会涉及其他类型的象征，有时表达还会独立于其他模式的指称出现，还有的时候，表达能够成立恰恰是因为某些属性只是具备了而未被例示。

邓莫尔温室是通过再现表达的例子（图 9）。这个建筑小

59

60

图 9　邓莫尔温室"菠萝"，苏格兰

品中间的穹顶采用了菠萝的造型，并以此再现这种热带水果。但它也表达了权力和财富，因为它在隐喻上具备这些属性。这种隐喻的转化可以作出如下解释：菠萝初到欧洲时，被认为是一种稀有的美味，只有富人才买得起。因此菠萝就象征着奇异、昂贵与奢华。通过再现菠萝表达出菠萝享用者的财富和权力。

61　实际的菠萝并不象征权力和财富；它不过是个菠萝。而菠萝的再现表达了权力和财富。这座建筑的其他特征也表达了这些属性。菠萝是带采光亭（cupola）的古典穹顶的变形：菠萝上部叶子的再现方式使其造型构成了采光亭。在建筑类型的符号体系中，穹顶是象征权力和财富的符号。因此，穹顶和采光亭无论是否采用菠萝的造型，都表达权力和财富。可以讨论的是：权力和财富是通过形式的例示来表达，还是只要有穹顶和采光亭，即建筑只具备它们就能表达。一种可能的阐释是：因为穹顶和采光亭再现了菠萝，所以这个菠萝也是穹顶的事实强化了权力和财富的表达，而不是因为采光亭和穹顶得到了例示。另一个表达权力和财富的要素是温室的主入口，它位于穹顶正下方，再现了古典的帕拉第奥式入口。与穹顶一样，这个入口在建筑类型的体系中发挥了符号的功能，而该体系规定了这一古典要素在这种情况下象征权力和财富。最后，权力也是通过一种阳物崇拜形式的例示表达的。这个入口连同穹顶和鼓座，与建筑的其他部分反差明显：温室由褐色砖建成，入口和穹顶为白色石材；单层温室的水平性有助于突出其中间要素的垂直性。因此，邓莫尔温室以至少三种不同方式表达了相同的特征：菠萝的再现、古典穹顶和入口以及阳物崇拜形式的例示。

在其他情况下，表达还有多种方式。丹尼尔·里伯斯金的柏林犹太博物馆扩建通过一系列建筑手法，有时还结合其他模式的象征，表达了一系列隐喻属性（图10）。在里伯斯金看来，建筑不规则的锯齿形象征了解构变形的大卫星：通过例示破碎

图10　柏林犹太博物馆。丹尼尔·里伯斯金

的星表达了犹太人颠沛的历史。这个锯齿形被一个虚空间穿过，它的线条将整个建筑割开。这种交错形成了从建筑首层垂直升到屋顶，并打破建筑锯齿形连续性的五个虚空间。从另一方面看，虚空间又被这个建筑连续打断。这些虚空间不是为展览而设的，它们的墙面是清水混凝土，缺少微气候调节，而且基本没有人工照明；所有这些都将虚空间与建筑的其他部位分开。这就形成了一个例示虚空并表达其他属性的空间裂口。最主要的是，虚空间作为连续出现在整个博物馆中的不存在（absence），表达了柏林的犹太人在这座城市特定历史时期中的不存在。

参观这座博物馆要从一座现存的巴洛克建筑进入地下入口。通过连接这两座建筑表达了犹太人历史在这座城市整个历史中的归属。从入口开始是一条走廊：这是"延续之轴"，它被"移民之轴"和"大屠杀之轴"割断，表达出打断犹太人历史进程的两大事件，并象征着犹太人在德国生活的三大现实之间的联系。"大屠杀之轴"是一条越走越窄越黑的走道，尽头是死路——"大屠杀之塔"，或叫"空尽之空"。这座塔是一个无门无窗的空间，只能从地下层进入。与其他虚空间一样，它既没有供暖也没有制冷，唯一的光源来自屋顶的一道小缝。观众穿过一道厚厚的金属门进入塔内，一旦到了里面，就能感到自己脚步的回音，以及远处室外的声音和光线。"大屠杀之塔"表达了多种属性。里伯斯金说它代表着（用古德曼的术语就是表达了）"碾为灰烬的人"（Libeskind and Binet 1999：30）。它还表达了恐惧、绝望、迷失、惊慌、与世隔绝或插翅难逃的境地。它可以表达许多在隐喻上具备的其他特征；观众在体验和阐释这座建筑时会发现之前未曾意识到的属性。"移民之轴"是一条地面崎岖、墙面微倾的上升走廊，它通向室外的阳光，通向"流亡花园"，但必须穿过一道厚重的门才能到达。这条轴线表达了走向流亡的艰辛道路，即这座花园的象征。它是一个完整的正方形，里面的正方形柱子构成了一个几何柱网。不过，地面是倾斜的，虽然在视觉上体会不到，却会直接影响人的平衡感。这座花园以此表达了安全，但同时也有迷茫和飘摇，这些特征是所有犹太移民或流亡者共同的处境。竖直的墙、迷宫般的布局和崎岖的地面加在一起暗示了这些相互冲突的特征的表达。这座花园也可以表达希望、宁和或解脱。还有人认为整座博物馆，尤其是这座花园，表达了流离，特别是德语词"unheimlichkeit"的本义，无家可归，无处安身（Young 2000: 154）。最后，"延续之轴"是三条走廊中最长的。它是一条倾斜的走道，向上通往展览层和虚空间，表达了柏林历史的延续。这条轴线随后变为楼梯，却不在展览层终止，而是一直到墙面，以此象征历史不会终结的事实。这个楼梯被一系列斜撑横过，并被墙上不规则开口中射进的光穿过，与其说那是窗，倒不如说是缝，以此表达犹太人历史上的艰难险阻。

64

这座博物馆的总体结构是不可感知的：展厅是不规则形；反光的锌挂板立面让人难以看清建筑内部的结构，因为楼层或房间的分隔都无法从外面识别出来；而穿过虚空间的锯齿形只有从鸟瞰或建筑平面中才能看到。那么，从总体上看，这座博物馆表达了迷失与破碎，而正因为这些属性的成功表达，才可以说这座建筑几乎没有满足博物馆的实用功能。贯穿展览的笔直策展路线与博物馆破碎的构成相冲突；博物馆完全没有例示它的组织关系，而这种清晰性的不足必须用贴在地面上的一系列指示观众路线的箭头来弥补。犹太博物馆可以表达许多其他属性，而且它显然能以其他方式象征许多其他特征。在某些情况下，特征是经例示或再现得到进一步表达的（就像破碎的大卫之星），在其他情况下，表达之所以能成立正是因为某个特征没有被例示：在流亡者花园（the Garden of Exile）导致观众失去平衡的倾斜地面没有被例示；倘若它被例示，那么迷茫、飘摇和流离就不会被表达。**建筑表达的东西需要被阐释。某些特征的存在不足以让建筑发挥符号的功能，具体的特征也不一定与某些被表达的属性相关。**黑暗和狭窄不会直接暗示绝望和恐惧的表达，就像这座博物馆那样；卧室可以是黑暗和狭窄的，即便它能象征，也无论如何不会指称绝望和恐惧，而是舒适和安全。

65 其他模式的指称

在指谓、例示和表达之外，还有多重和间接的象征方式，主要的有暗指、变体和风格。前三种是直接模式的指称，即需要单步指称关系，而多重和间接的指称方式是由简单模式的指称通过或复杂或简单的指称链组合而成的。暗指、变体和风格具有能相互区分的特殊性。

暗指

暗指是一种"有距离的指称行为形式。一物通过间接指称另一物来暗指它"（Elgin 1983: 142; 另见 Goodman 1984: 65-66; Goodman 1988: 42-43, 70; Elgin 1983: 142-146; Ross 1981）。**暗指一定不能与唤起混淆。**暗指是一种模式的指称，而唤起包含感受、情绪或思想的产生，并不一定需要指称关系。我家乡的某座建筑可以唤起我的乡愁，但它不需要暗指乡愁；另一座可以暗指却不唤起乡愁，还有一座既可以唤起又能暗指乡愁（Goodman 1984: 65）。暗指的这种间接关系是通过兼有本义和隐喻上的指谓和例示的指称链确立的。这些链条的复杂程度不同，但通常都从一两个基本链开始。埃尔金的描述如下："a 通过指谓例示 b 的某物 c 来暗指 b"而"a 通过例示指谓 b 的某物 c 来暗指 b"（Elgin 1983: 142）。

用古德曼的例子来说，第一种暗指链出现在罗伯特·文丘 66
里（Robert Venturi）谈论建筑"矛盾性"的时候（Goodman
1988: 42，Venturi 1966）。"矛盾性"（a）通过指谓那些例
示不一致和不协调的句子（c）来暗指特定建筑设计（b）的
不一致和不协调，而这些属性也是由一座建筑（b）例示的。
第二种链条出现在像"母亲之家"（Vanna Venturi house）
这样的建筑（a）通过例示由"矛盾性"标示（b）指谓的某
些形式（c）来暗指矛盾性（b）。"母亲之家"例示了一组相
反的特征：这座住宅"既复杂又简单，既开放又封闭，既大又
小"，而且室内外还缺少对应（Venturi 1966: 118）。这种模
式的象征不是直接的，因为"母亲之家"在本义或隐喻上都
不具备矛盾的属性，而是暗指矛盾性，所以是间接的象征。

解释暗指的指称链与解释隐喻转化的链条相似。在某些
情况下，暗指甚至会介入隐喻指称链中的一步。其差别在于
隐喻词会回忆该词的本义用法，而暗指不会。暗指只需某些
属性的组合例示和指谓，而不必区分本义和隐喻的属性。因此，
隐喻链将词的本义与隐喻用法连接起来，而暗指的指称链会
将任何属性连接在一起。这些链条通常要比上文讨论的长得
多，而且它们的中间步骤也不会一目了然；由于解释同一个暗
指可以有多重链条，所讨论的链条应该认为是格式的多种桥
梁，而不是确立暗指关系的唯一方式。暗指的指称链长度没有
预定的限制。符号能够暗指的对象在逻辑上没有在先的限制，
但会有一些实际的限制：如果某个指称链太长、太复杂、太晦
涩，以至于从符号到被暗指物的关系无法辨别，那么暗指就
不会成立。对链条的概括是确立暗指的符号与被暗指物之间
的关联所必需的。有时，这种概括会取决于人的知识：只有那 67
些了解悉尼歌剧院和龙珠漫画的人才能在二者之间建立关联，

并将悉尼歌剧院阐释为对孙悟空发型的暗指。所以暗指的限制是实际的，而非理论的。

并非所有的指称链都构成暗指：

> 高迪在巴塞罗那的著名教堂指称的是某座建筑，而非那座建筑指称的山。
>
> （Goodman 1988：42–43）

这些链条是不可逆的，并且和再现一样，暗指是不对称的：某座建筑暗指希腊神庙并不意味着希腊神庙暗指那座建筑。与副本或复制品相似，当一座建筑暗指其他建筑的某些特征时，并不保证其他建筑象征的全部特征也被暗指的建筑所象征。并且在它们被象征的情况下，也不需要同样的方式。埃菲尔铁塔的各个副本再现了埃菲尔铁塔，并可以暗指法国。巴黎埃菲尔铁塔例示了法国大革命一百周年，而拉斯韦加斯的埃菲尔铁塔暗指了它。因此，在再现原本之外，副本指称了原本通过暗指象征的一些特征。

在暗指某些标示或属性之外（比如"母亲之家"的矛盾性和埃菲尔铁塔副本对法国的暗指），建筑作品能够暗指声称具备的属性、其他艺术和建筑作品，以及某些风格、艺术家或类属。建筑中的各种错觉艺术实例暗指了建筑声称具备的某些属性。罗马圣依纳爵（Sant'Ignazio di Loyola）巴洛克教堂的彩绘穹顶通过以再现穹顶例示某些特征的指称链暗指了这种建筑结构和造型。对于声称具备的属性的象征，比如错觉艺术和希腊神庙的假透视（Lagueux 1998），有人提出了另一种模式的指称，称作"暗示"（suggestion）。不过，这已经能通过暗指的模式说明，所以引入暗示作为指称的新模式对于古德曼的体系就是不必要的复杂化。

对其他艺术和建筑作品以及某些时期或风格的暗指，在建

68

筑和艺术中都是持久的象征资源。据说母亲之家的正立面暗指的是米开朗琪罗的罗马庇亚门（Porta Pia）（Moos 1987：244）。同样地，罗马万神庙被帕拉第奥的圆厅别墅、苏夫洛（Soufflot）的巴黎先贤祠、托马斯·杰斐逊的弗吉尼亚大学圆形图书馆，以及麦金 - 米德 - 怀特建筑事务所（McKim Mead & White）的哥伦比亚大学纪念图书馆暗指。与任何其他模式的象征一样，建筑暗指的对象是通过阐释决定的。对建筑的了解越多，能发现的暗指就越多。暗指与建筑师的意图无关：即使帕拉第奥、苏夫洛和杰斐逊在设计他们的作品时从罗马万神庙中受到了启发，这对于暗指既不是必要条件也不是充分条件。对这些事实的了解最多可以作为确定这些建筑是否实际暗指罗马万神庙的线索。**此外，暗指与时间性没有关系，因为它不只出现在当代作品之间或暗指过去的当代作品之间。暗指未来也是可能的：未来主义建筑暗指的就是未来，尽管这个未来尚不可知。**

　　暗指可以是讽刺性的。"母亲之家"可以阐释为，通过在一座建筑中糅合多种风格要素，讽刺地暗指建筑风格之间传统而严格的区分。文丘里以这种方式嘲笑了建筑的正统。当象征为讽刺性时，指称链就会复杂得多，并会包括其他暗指以及比喻的指谓和例示。具体来说，在比喻上具备的属性可以是相反的，是本义特征的夸大或缩小，比如称摩天楼"渺小"时的情况（Goodman 1988：71）。这一过程也出现在母亲之家通过夸大其范式的形式指称多种建筑风格时：立面被呼应希腊神庙的超大山花支配，右侧的条窗呼应现代主义建筑师常用的窗户类型，而这些窗户与立面上另一个过大的分格窗形成反差，它呼应的是传统的新英格兰窗。本义特征的缩小也出现在母亲之家上：在一个带有放大门楣的特大方形门上有一道拱券的浮雕（不是真的拱券）。巨大的方形与带有浅拱券印

69

记的门楣组合起来就成了讽刺的暗指。因此讽刺是暗指的一种特殊情况；它是间接指称的一种复杂形式，其特殊性在于符号暗指的对象是相反的、夸大的、缩小的，或者一般来说是被暗指物某一本义特征的反面。

变体

　　艺术中变体的范式情况可以在音乐中看到，即一个主题的变体是给定旋律的创造性变化，它以仍可识别的新方式表现了该主题。古德曼在《变调的变体——从毕加索回归巴赫》一文中考察了音乐中的这种复杂指称关系，并推及其他艺术（Goodman 1988: 66-81; 另见 D'Orey 1999: 515-529）。变体与主题是相关的，因为它例示了该主题的一些音乐特征，而正是这些被例示的特征将变体同主题联系在一起。仅有例示是不够的，因为一段曲子可以例示与另一段曲子相同的韵律但不成为其变体。被例示的韵律也必须是将主题与变体联系在一起的特征。这种关系可以是直接或间接的，即通过相同或相反的特征来例示或暗指。例如，一个变体可以通过例示小调以反差例示一个主题，而该主题例示的是大调。古德曼确立了变体的两个条件:一个是"形式的",一个是"功能的":

　　　　首先，要符合变体的资格，一段乐曲必须在某些方面与主题相似，而在某些其他方面与之相反。其次，要发挥变体的功能，一段合格的乐曲必须在本义上例示共同的必要条件，并在隐喻上例示相反的必要条件、主题的特征，并通过这些特征指称主题。

　　　　　　　　　　　（Goodman 1988: 71-72，着重号出自原文）

　　因此，符号发挥的功能使曲子成为主题的变体。并且，与审美符号功能一样，这不需要是永恒的: 通常不发挥变体功能的某些作品可以在某些情况下发挥这种功能，比如在副本发挥原本变体的功能时，或一系列最初无关的绘画在同一展览中发挥共同主题变体的功能时（Goodman 1988: 75-76）。在最后一种情况中，指称关系可以包含其他模式的象征，比如指谓和再现，但作为变体的条件是相同的。

建筑中的变体情况可以根据它是建筑主题或作品的变体、形式的变体以及风格或未指定主题的变体来分类。第一种情况出现在变体以特定的建筑或结构要素为基础时。暗指罗马万神庙的多座建筑也可以认为是它的变体。所以，洛氏纪念图书馆（Low Memorial Library）例示了万神庙的穹顶和带柱式的门廊，但它不具备或例示万神庙的全部特征：万神庙的山花是三角形的，而这座图书馆的山花是长方形；万神庙是科林斯柱式，而图书馆是爱奥尼柱式；另外它们的大小和材料也不相同。图书馆具备而万神庙缺少的这些不同特征被图书馆例示，并以反差指称，这就使图书馆可以被认为是罗马万神庙的变体。第一种情况的另一个实例是所罗门柱式的各种变体，这种螺旋柱式的特征是像开瓶器一样扭曲的柱身。这些变体尤为有趣，因为它们原来的主题已不存在。所以这些建筑变体最初的来源是圣经中对耶路撒冷所罗门神庙入口两侧的两根柱子的描述。而后是这种柱式的建成变体，比如图拉真纪功柱、君士坦丁纪念柱，或罗马圣彼得大教堂中贝尼尼华盖的柱式，以及绘画中描绘的各种所罗门柱。由于变体跨越了不同的艺术领域和媒介，所罗门柱式的各种变体是一种跨模式的变体。最后，副本可以发挥变体的功能，因为它们象征了一些特征并以反差象征了其他特征：拉斯韦加斯的埃菲尔铁塔例示了与巴黎那座相同的形式，但以反差例示了它的大小。

建筑中的第二种变体，形式的变体，出现在变体的基础不是特定的建筑而是其形式特征之一时。教堂传统的拉丁十字平面的各种变体是显而易见的例子。其基本形式，或称主题，包含一个拉丁十字平面，十字的一臂构成了教堂的中殿和圣坛（chancel），与之垂直的另一臂构成了侧廊（transept）。这种形式可以进行一系列变化，并且如果相同和相反的特征都

72 得到了象征，那么这些变化就可以理解为变体。最初的拉丁十字平面可以重新设计：增加靠近中殿的侧边廊，用单后堂给圣坛添加环廊和侧边礼拜堂，或用侧边礼拜堂和后堂改变侧廊和中殿。当有一种指称关系通过指称具备的和以反差具备的特征，将拉丁十字形式与这些其他形式联系在一起时，就会出现变体。主题与变体之间的指称关系不一定与该形式的历史演变有关。尽管拉丁十字平面的变形在历史上真实存在，这也不意味着出自一个形式的所有变体都与之形似，形式的演变也不总是从简单到复杂的。

最后是风格或未指定主题的变体。就像所罗门柱式有多种变体一样，即使变体的准确形象并不清楚，也可以在没有给定最初主题的情况下，由决定某种风格的某些特征形成变体，并使各种变体通过指称共有的或以反差共有的特征来相互指称。这就是哥伦比亚大学晨兴校园（Morningside Campus）的情况，其主要建筑可以阐释为互为变体。这些建筑大小相同，都是砖建筑，都有绿色铜屋顶，有相同数量的白色石框门窗，但相互之间也有细微的差别。这些建筑的转角图案不同：有些石材大小相同，有些则由两种石材组合成齿状，有些是微呈圆角的石材，还有些有不同母题的石雕。同样的情况也出现在门窗框上，有的是单层，有的是双层，有的楣上有装饰，或者柱式不同。只要所有的建筑都例示某些相同的特征，同时指称相反的特征，那所有这些差别都可以阐释为变体。由于没有特定的建筑可以作为其他建筑的主题，并且无法指定发挥主题功能的建筑应是什么样，所以每座建筑都应该理解

为另一个变体的变体，或是某种风格的变体或其中的变体（在这里就是巴黎美院风格），而这是所有变体共有的。

风格

风格作为复杂指称的一种模式，不应理解为艺术风格构成的定义（Lang 1987），而是说明在确定风格构成时相关特征的象征模式，这种构成包括一致性、稳定性、规则性、重复性，还有变化、变形和相对性。古德曼在他的文章《风格的状态》中讨论了所有这些内容（Goodman 1978: 23–41；另见 D'Orey 1999:538–558）。**风格首先意味着象征了"代表作者、时期、地方或学派"的某些属性（Goodman 1978：35）**。风格不应与标记（signature）混淆。虽然风格可以作为标记特征之一，有助于将作品归为某一作者、学派或时期，但并非所有的标记特征都是风格性的：档案信息、发掘报告、颜料的化学分析都可以帮助鉴定一个作品，但它们与风格无关。风格属性能帮助我们将作品置于更大的艺术语境中，并使作品相互联系在一起；它们"帮助我们回答何人、何时、何地的问题"（Goodman 1978: 34）。而答案不是唯一的，但会认可不同程度的概括。因此，弗兰克·盖里的斯塔特中心属于盖里的风格，属于盖里 20 世纪 90 年代末到 21 世纪 00年代的风格、千禧年风格、解构主义风格、计算机设计风格、西方风格，等等。因此，风格是艺术和建筑作品分类的一种特定形式，同时一个作品又可以被归为不同的风格。

风格特征不仅限于形式特征，后者通常是被例示的，而 且可以包含以其他方式象征的其他类特征。所有这些特征的象征构成了风格。哥特和新哥特建筑都例示构成这些风格的某些形式特征，比如尖拱、外露的结构和材料或彩色玻璃窗，但它们不属于同一种风格，因为它们在其他被象征的特征上不同。哥特风格的建筑表达了雄伟、上帝的伟大和教会的权力，而新哥特建筑可以表达对过去的眷恋、基督教信仰的高涨，并代表国家机构；哥特建筑不暗指新哥特建筑，但反之却是成立的。风格作为一个识别要素，与鉴定某种风格的实际过程无关。前者指称某个作品象征某些风格特征的事实；后者与人确定特定风格的能力和知识有关。有人不能区分哥特与新哥特，并不意味着这种差别不存在。人知道得越多，就越有能力区分更多的细微差别，更准确地鉴定风格。另一方面，有时一个特征就足以区分不同的风格，或确定一座建筑不属于某种风格：带尖拱的教堂不是罗马式，而带圆拱的教堂不是哥特式。**对风格的感知不同于风格的表征。**

古德曼将风格作为一系列被象征的风格特征，这一论述也可以从符号体系的角度来理解，以使风格的类别归入带有语义和句法特征的风格框架中（Hellmann 1977）。同任何其他符号一样，一个作品可以属于多个体系，并由此归为不同风格。这样，作品风格的变化要么以其所属符号体系的变化来解释，要么把作品插入新的符号体系去解释。例如，盖里的风格很可能会在这位建筑师的新作问世后发生变化。风格体系对变化的开放性也解释了对风格的误判以及随后的修正是如何发生的。当范·梅赫伦（Van Meegeren）的多幅绘画被误认为出自弗美尔（Vermeer）时，弗美尔风格的符号体系就被改变了，新的特征被认为属于弗美尔风格。当发现范·梅赫伦的绘画为赝品时，它们所象征的风格性特征就不再属于弗美尔风格。

因此，风格作为一种多重而复杂的象征模式，或作为一种特殊的符号体系，说明了风格的一致性和变化。风格特征是一致的，因为它们在一个符号体系内被持续指称，并且一旦所象征的特征发生转变，它们就会变化。象征的一致性和变化取决于语境——无论是社会的还是文化的——并会随历史演变。风格也是在阐释和评估作品时要考虑的因素，尽管

75

它对于理解整个作品是不够的，而且也无法保证其高品质。

正确性的评估和标准

在本章和前一章中都强调了符号可以接受许多同样正确的阐释，并且确定一个阐释是否正确的方式是将其与符号的特征、符号体系进行对比，以及考虑被象征的其他要素。因此阐释是一种适合，"某种好的适合——各部分在一起的适合以及整体与语境和背景的适合"（Goodman 1988: 46）。因此一个阐释的正确性与它的适宜性或适合性有关，而不是真伪。在这个意义上，建筑作品不像陈述命题或陈述句那样有真伪，而是说它的象征在与一个符号体系的关系上，或在一个给定语境中是正确还是错误，合理还是不合理。正确性是一个相对概念，它包含了"可接受性的标准，有时会在所用之处与事实互补或冲突，或者将事实替换为非陈述表述"（Goodman 1978: 110）。**在评价建筑象征的正确性上并没有一个详细的特征列表，而是一系列有助于评价的开放性标志，它们也直接决定建筑作品的优劣。**

第一，建筑在带来可预见性和推论时的象征是正确的，就像一个样板房完美地指称了按它所建的房屋应有的特征。第二，建筑在再现时、在象征使之成为某种风格或概念的典范时的象征是正确的。勒·柯布西耶的萨伏伊别墅在这个意义上就是正确的符号，因为它明确体现了他的建筑五要点——他构建现代主义的基础，并体现在他的很多其他作品上。另一方面，他的雪铁龙住宅当然包含这五点并依此而建，但它没有以一种合适的方式指称它们，所以在体现勒·柯布西耶的原则上不是与萨伏伊别墅同样好的范例。然而，斯坦 - 德 - 蒙齐别墅（Villa Stein-de-Monzie）完美地例示了一些要点，

76

比如长条窗，但没有其他要点，这表明正确性有不同的程度。第三，建筑在指称仅是早先具备的特征时的象征是正确的，比如蓬皮杜中心对其建筑设备要素的象征。第四，建筑在以新的方式或通过创新性的明晰指称特征时的象征是正确的。哈佛大学科学中心扩建就是这种情况，对玻璃的最初设计带来了这种材料在一天中不同特性的象征。最后，建筑在其指称的特征有助于促进理解时的象征是合理的。勒·柯布西耶在哈佛大学的卡彭特中心（Carpenter Center）或巴黎大学城的巴西公寓就是这种情况，它们的窗户通过有形无声的结构象征了音乐的韵律：韵律的空间化象征给这个音乐概念带来了新的理解。新颖性、原创性和创新性在一些情况下有相关性的标准。蓬皮杜中心是最早通过内部外露来象征设备要素的建筑之一。假如今天有一座建筑以这种方式显露这些要素，就是可以象征它们的，但这个象征就不会那么成功，因为它不是最早或以新的方式指称这些特征的，它也无助于重新组合或促进理解。

类似的标准也适用于明晰。首先，明晰在有助于某个属性的准确象征时是正确的。在汉考克大厦上，结构通过与建筑其他部分的明确区分得到了正确的明晰。另一方面，毕尔巴鄂古根海姆博物馆的弯曲和平滑被正确地象征，恰恰是因为明晰是恰当的。明晰的正确性因属性和建筑而异。其次，像哈佛大学科学中心那样的明晰的新颖性和原创性是另一个要考虑的因素。最后，明晰的成功取决于施工的细节和精准，这会使一个建筑的象征比另一个更合适。

再问：何时为建筑？审美的征候

在讨论过符号、符号体系和指称的各种模式之后，"何时为建筑"的问题就能以新的方式解答。虽然最初的回答是：某物在发挥审美符号功能时是建筑，但现在我们手上有了更准确的答案，尽管不是决定性的。要确定一座建筑何时发挥艺术或建筑作品的功能，古德曼采用了所谓的审美征候。他首先提出了审美的四个征候（Goodman 1968: 252-255），而后又增加了一个（Goodman 1978: 67-70; 另见 Goodman 1984: 135-148 和 Elgin 1983: 83-84）：

> （1）句法密集。这里，某些方面的最精微的区别构成了符号之间的区别……（2）语义密集。在此，符号用于由某些方面的最佳区别所辨别出的事物……（3）相对充实。这儿，比较起来，一个符号的许多方面都有意义……（4）例证。在这里，无论符号是否有所指谓，都通过作为其本义地或隐喻地拥有的属性的样本而有所象征；最后（5）多重复杂指称。这里，一个符号履行多种相互联系和相互作用的指称功能，其中有些功能是直接的，有些则以其他符号为媒介。[①]

（Goodman 1978: 67-68）

一幅画在句法上是密集的，而一个建筑平面图在句法上是不相交的，因为一个最小的区别也会改变一幅画的象征，但对平面图不会。英语在语义上相对于记法是密集的，后者在句法上是不相交的：虽然语言符号没有唯一的对应类，记法符号是有的。只要某些属性（厚度、色调或密度）与绘画的象征有关而与心电图的象征无关，绘画中的一条线对于心电图就是相对充盈的，而后者是稀疏的。最后，例示以及多重复杂指称是审美符号中常见的象征模式：一个科学文本中的词是单义（univocally）指谓，而同一个词在文学文本中会例示

---

① 引自纳尔逊·古德曼著，姬志闯译，构造世界的多种方式．上海：上海译文出版社，2008：71.

它的某些语音属性，并以复杂的方式指称多重物体。

审美征候的发挥功能与病理征候相似：后者指向某种疾病，前者指向审美象征。与病理征候相似，就像大量征候的出现并不表明疾病加重一样，出现大多数审美征候不表明符号审美功能更强；而只出现一个征候也不意味着符号的审美功能弱。审美征候对于审美功能的发挥既不是必要条件也不是充分条件，尽管它们"可能在连接上（conjunctively）是充分的，在转折上（disjunctively）是必要的"（Goodman 1968：254）。在最初阐述征候时，古德曼认为审美功能的发挥可能不出现任何征候，而后来他又怀疑审美功能的发挥能否不出现任何征候（Goodman 1968：254; Goodman 1984：135-138），因为看上去例示总是会出现的。

征候不是确定什么发挥审美符号的功能、什么不发挥的最终标准，但它们的出现足以证明审美功能的发挥。那么"何时为建筑？"就可以用征候来回答。盐盒房在出现某些征候时发挥建筑作品的功能：当指称它的比例、大小或材料等特征时，就会出现例示；当象征一种传统建筑时，就会出现句法密集和相对充盈。另一方面，当一个盐盒房代表一座老建筑或一种我喜欢的建筑时，就不会出现任何征候，因此它就不是建筑作品。通过观察征候的出现与否，就可以引导阐释。也许看起来征候构成了甄别建筑作品的一条弱标准。通过它们就足以在大多数情况下区分审美功能的发挥，而在无法区分时可以借助其他线索或标志，比如语境或该建筑象征的其他对象。无论征候的假定性如何，它们都是古德曼检测审美功能的唯一方式，并且在概念上是他的符号理论所必需的：倘若没有区分审美和非审美符号功能的方式，就无法解释为何同一个符号会以多种方式发挥功能。

建筑作品的个体性

　　并非所有建筑都有同样的地位。虽然我们会区分雅典与纳什维尔的帕提农神庙——一座是原本而另一座是副本——但我们认为在一片住宅区里的建筑物都是相同的。纳什维尔的帕提农神庙是雅典那座的准确复制品，一座住区房与其周围的住房是相同的。不过，这座住区房不被认为是副本，而是同一个作品的实例。类似的问题也发生在复原和重建的建筑上。自1889年建成以来，埃菲尔铁塔的许多部件都已重新替换，所以原有的建筑材料就越来越少，但埃菲尔铁塔仍被认为是同一座。1986年重建的巴塞罗那馆被认为与密斯·凡·德罗设计的1929年建筑相同，但同时我们也会区分1929年与1986年的建筑。这些情况表明，确定构成一座建筑的个体性有不同的标准，并且其中不是总有明确的区别。古德曼是采取系统化方法，为从哲学上辨别原本与副本、复制品和赝品提供具有决定性分类的第一人。在《艺术的语言》中，他将主要的章节用于这一问题的讨论，并指出在确定各个艺术领域中的真实性时需要不同的标准。无论这些区别在绘画或音乐等领域中怎样清晰，在讨论建筑时还是会出现困难。要考察建筑的特殊性，就必须首先考虑古德曼对个体性和真实性的总体论述以及它们与其他艺术的关系。

自来与他来

　　在讨论原作的特征时，古德曼指出某些艺术作品是无法

　伪造的。虽然完美地复制一幅画是可能的，但人们熟悉的音乐是不能伪造的。这就使他区分了自来（autographic）与他来（allographic）的艺术，即像绘画这种"可伪造的"艺术与像音乐这种他肯定"不可伪造的"艺术。用他的话来说：

> 我们说，如果一个艺术作品的原作与赝品之间的差异确有意义的话，或者更恰当地说，如果即便是这个作品最正确的复制也还是不能算作真实的话，而且只有在这样的条件下，这个作品就是自来的。如果艺术作品是自来的，那么，我们也就可以将这种艺术称作是自来的。因此，绘画便是自来的，而音乐则是非自来的或他来的。[①]
>
> （Goodman 1968：113，着重号出自原文）

　　自来划定了无法复制的一类作品，这种作品与其最接近的副本之间的每一个差别都会改变该作品的个体性。相对地，他来划定了能够复制的一类作品，即原作与其复制品之间的差别与该作品的个体性无关。这种区别表明，确定艺术或建筑作品的个体性有两个不同的标准。在自来艺术中，真实性是由创作的过程确定的：没有同一个创作过程的两个作品不会被认为是同一个作品。所以一个是原本，另一个是别的东西，无论副本、复制品还是赝品。但如果两个作品有同一个创作过程，那么它们就是同一个作品的实例。自来没有唯一性，因为存在自来的多重作品，比如版画和铸造雕塑。因此，如果某一艺术领域中作品的判定必须取决于创作的过程，且与唯一性或多重性无关，那这个艺术领域就是自来的。

　　另一方面，他来作品的个体性是通过记法确定的：两段文

[①]　引自尼尔森·古德曼著，褚朔维译. 艺术语言. 北京：光明日报出版社，1990：114.

学文本如果拼写完全相同，那就是一个特定作品的实例。两段乐曲如果符合相同的乐谱，就是同一个作品的实例。这就表明他来作品可能是多重的、可复制的；同一个他来作品可以有多个实例。尽管这些艺术作品也有创作的过程，但这不是定义作品本身的标准。比如，据说冯·凯泽林伯爵（Count von Keyserling）饱受失眠之苦，并希望他的大键琴师哥德堡（J. G. Goldberg）能在他的难眠之夜进行演奏。于是巴赫在 1741 年左右为伯爵创作了《哥德堡变奏曲》（Goldberg Variations）。但这不是判断一段乐曲是否为《哥德堡变奏曲》的标准；采用的标准不是乐曲的创作过程，而是记法，在这里就是乐谱。古德曼表示：

> 　　一种记谱的依据则必然要见之于早先将对象或事件归属于纵横交错的作品中，或归属于承认具有一种合理的纵横交错的设计的那些作品中；而且，这种归属也是借助于创作过程的。但是，对作品的确切的鉴别，由于完全脱离了创作过程，因而也就只有当记谱确立起来时才能完成。这种他来的艺术获得解放，靠的并不是宣言，而是记谱。[1]
>
> （Goodman 1968：122）

　　除了具有创作过程外，音乐、文学和表演艺术通常都是他来的，因为乐谱、文本或剧本都是判断作品归属所需的。不过有一些例外：无乐谱的音乐就是自来的，比如即兴爵士乐。这表明自来和他来的分类是描述性而非规定性的。古德曼研究了传统上是如何判断艺术作品，并提出这些概念来解释这一过程的，但并没有施加不可打破的规则：只要艺术创作还在发展，判断作品的标准就会发展。如今，绘画、蚀刻版画和

---

[1]　引自尼尔森·古德曼著，褚朔维译. 艺术语言. 北京：光明日报出版社，1990：121. 中译与英文内容有所不同。

雕塑一般是自来的，而音乐、文学和表演艺术一般是他来的。在古德曼看来，建筑归入这两类均可：

> 我们可以轻松自如地把音乐作品与作曲而非演奏看作一样。但是，要把建筑作品与设计而非建筑物看作一样，我们就没有那么轻松自如了。建筑确有一种合情合理的记谱体系，而有些建筑作品也确实就是他来性的艺术；就此而论，这种艺术也就是他来性的。但是，建筑的记谱语言却还没有充分的资格，在任何情况下都能对创作过程不同的作品加以同一性的证明；从这个角度上来看，建筑又是一种混合的、动摇于两端的艺术。①

（Goodman 1968：221）

建筑既是自来的又是他来的，因为确定作品个体性的两条标准都成立。一些建筑是根据其创作过程判断的，比如雅典的帕提农神庙，而其他建筑是根据记法判断的，比如住区房的各个实例。此外，一座建筑可以同时根据两条标准来判断，因为设计的第一阶段可以认为是他来的（由平面图决定），而第二阶段是自来的（由建造过程决定）。建筑介于二者之间的这种状态不仅是共时的（synchronic），也是异时的（diachronic）：将建筑定义为"混合的艺术"表明自来和他来标准同时并存，即共时的；将其定义为"两端的艺术"表明确立建筑作品个体性的他来标准在自来之后，即异时的，并由此预设了内在的过程。古德曼表示，一旦建筑的记法体系"获得了在一切情况下将作品的个体性从具体创作中脱离出来的充分依据"（Goodman 1968：221），建筑就将成为完全他来性的，他此时所提出的正是

---

① 引自尼尔森·古德曼著，褚朔维译. 艺术语言. 北京：光明日报出版社，1990：197.

上述内容。因此，确定建筑是自来还是他来的一个决定性因素就在于，对应记法是否完善，在这里就是指平面、立面、剖面和详图。

建筑的记法

建筑平面——以及立面、剖面和详图——是为满足施工中多人参与的需求而绘制的。它们也有确定他来建筑作品个体性的功能，这是逻辑上在先的，并以此构成了建筑的记法。84如第 3 章所述，记法是艺术中有特定功能的一种指谓，而这正是作品个体性的保存方式。记法要满足一系列严格的条件，否则判断作品的目的就无法实现。当它们满足了这些条件时，就是古德曼所谓的记法体系，比如乐谱；当它们满足部分条件时，就是记法范式，比如文学文本和戏剧剧本。

要保存一个音乐作品的个体性，乐谱就要与演奏准确对应，而最初的乐谱要从该演奏中得出一个准确的复制品。当一个乐谱与多次演奏之间的准确对应被打破时，它们就不再是同一段乐曲的演奏了。这表明一个音符的演奏错误就会让演奏无法成为一个作品的实例，所以只有无错误的演奏才算是真正的。尽管这不是对音乐演奏构成的日常理解，但古德曼之所以提出了这一严格条件是因为：

> 只在一个音符上有所不同的演奏依然是同一作品的实例。这种似乎没什么损害的原则却会祸及结论……所有的演奏，无论演奏的是什么，却都属于同一作品。[①]
>
> （Goodman 1968：186）

[①] 引自尼尔森·古德曼著，褚朔维译. 艺术语言. 北京: 光明日报出版社，1990: 170.

这个必要条件的目的在于避免所谓的连锁悖论（Sorites paradox）或渐进论证：想象从一个沙堆中把沙子一粒一粒地拿走。拿走一粒不会改变沙堆，拿走两粒、三粒也不会，但如果我们一直拿下去，沙堆就会消失。然而无法判断还剩多少沙子时，沙堆就不存在了，就像无法确定演奏错多少个音符这次演奏就不再是乐曲的真正实例一样。因此，乐谱与其他记法体系必须满足这一严格条件。另一方面，剧本是一种记法范式，因为它只是部分满足这种对应。根据剧本可以演出一场戏剧，但无法从这次演出中得到准确的剧本。例如，当一个角色微笑着从左侧退场时，无法确定舞台说明是"她退场"、"她从左侧退场"还是"她微笑着从左侧退场"。在一定程度上不可避免的模糊是记法范式的特点。

将建筑图纸与音乐乐谱和戏剧剧本进行对比，能让我们确定建筑记法是一种记法体系还是记法范式。古德曼的论述在此并无裨益，因为他写道，图纸可兼为二者：记法体系和记法范式。首先：

> 虽然图纸经常可以算作是一种草图，而用数字表示的测量尺寸又可以算作是一种手记，但是，在建筑设计图中选用特殊的图形与数字，则又可以被视为一种数字图表和一种谱号。[①]

（Goodman 1968：219）

图纸包含构成记法的组成部分和其他不构成记法的部分。记法的各个部分是由准确的图纸和按比例再现的尺寸结合而成的，这与音阶体系是相似的；非记法的部分是文字说明或其他与建筑某些方面有关的非规范化指谓（比如建造材料），这

---

① 引自尼尔森·古德曼著，褚朔维译. 艺术语言. 北京：光明日报出版社，1990：196.

与乐谱中节拍的文字说明是相似的。除了这些相似性以外，乐谱比图纸要规范得多：乐谱可以借助非常准确的规范确定每个音符如何演奏（举几个西方音乐记法中的明示记号来说，'·'是断音，'–'是保持音，'>'是强调音），但建筑图纸缺少一个相似的体系去规定每个部件要如何施工。因此，（仍然）需要记法之外的信息来说明墙面材质或颜色等建造要素；这些往往是通过样本来例示的：带有对应的规定性表面和颜色的墙体是建筑其他部分的范本。但还有一个因素将乐谱与图纸区分开，并指明了图纸与剧本的相似性。只要承包商知道如何阐释图纸中传达的信息，就可以用某个图纸（以及详细列出准确材料和设备的说明书）创造该建筑的一个实例。但反之则不成立；从一座建筑不可能得出一套唯一的图纸。这就是古德曼给图纸作出第二种定性的原因：

> 建筑师可以约定，基础的材料应当用石头，应当用花岗岩。或应当用硕石港的那种表面有裂痕纹理的花岗岩。已知这座建筑物，我们也仍然无法说明在特殊要求说明中采用了那些术语当中的哪一个来划定。由这种穿插了一些特殊要求的设计图所确定的那一类建筑物，与单纯的设计图所确定的相比，是更为精确的。但是，这种穿插了一些特殊要求的设计图所形成的并不是一种谱号，而是一种手记。[①]

（Goodman 1968：219）

所以建筑记法是功能与戏剧剧本相似的一种记法范式，但无法确定在这种剧本中给出的准确舞台说明。接下来要探讨的是，能否让图纸发展成一种完美的记法体系，从而以一

[①]　引自尼尔森·古德曼著，褚朔维译 . 艺术语言 . 北京：光明日报出版社，1990：196.

种记法之外的方式包含现在表达的特征。这对于古德曼是一个关键问题，因为建筑只有在其记法体系能完全确定建筑作品的个体性之后，才会成为完全他来的。有人尝试证明"计算机辅助设计"（CAD）在理论上能够通过规范完整地规定属于建筑师记法之外语言的各种要素（Fisher 2000；另见 Allen 2009）。通过这种方式，建筑作品的判断就能独立于任何具体建筑，换言之，随着图纸从模拟式逐步转为数字式，图纸就会从记法范式转为记法体系，并有可能成为确定建筑个体性的唯一标准。不过，目前的实践与这种假设是矛盾的，下一节将加以证明。

87

自来与他来之间

尽管可以有一个完美的记法体系，但有些建筑作品不能仅从他来的角度去考虑。古德曼指出：

> 假如有些房子依从于史密斯—琼斯的错层17号的那些图纸的话，那么，这些房子也就同样是这一建筑作品的实例。但是，就早期崇拜女性的建筑泰姬陵来说，把根据同一设计图建造的另一座建筑物看作是同一个作品的实例而不是复制品，即便是建造在同一地点上，我们也会对此不以为然。[①]

（Goodman 1968：220-221）

虽然建造泰姬陵的副本是可能的，但判断这座建筑的标准依然是其建造过程而非记法。即使不准确了解其创作过程的每个细节，也不会否定以自来的方式确立作品个体性的可能。

---

① 引自尼尔森·古德曼著，褚朔维译．艺术语言．北京：光明日报出版社，1990：197.

例如，要判断泰姬陵只需知道它大约建于 1631 年至 1654 年，由多人设计（尽管我们不清楚哪些部分是由哪位设计师负责的），并且约有两万人参与了施工（尽管我们不知道他们每个人做了什么以及他们是谁）。即便没有掌握一个作品创作过程的任何信息，也不会否定确定其个体性的自来标准。这就是无名建筑的情况，比如大多数古庙和中世纪教堂，它们的创作过程是无法追溯的，而它们只能以自来的方式来判断。因此，对作品属于自来或他来的先行分类在逻辑上是先于记法存在的。

上一段还说明了另一个方面：多重他来建筑和单一自来建筑作品之间的差别有时与所谓的高雅和低俗建筑之间的区别有关。虽然住区房遍布整个郊区，而且这个过程对其个体性并无影响，却没有一个建筑杰作的复制不强调后续的实例不是原作而只是复制品（纳什维尔的帕提农神庙不过是雅典那座的副本）。**所以看起来对于审美价值较低的建筑，个体性的标准是他来的，而对于其他建筑是自来的**。这种评判不一定是永久的，而会根据建筑的发展改变。事实上，雷姆·库哈斯（Rem Koolhaas）在他的大都会建筑事务所（OMA）成立了"通用部"（Generics），专门设计古德曼所谓的"高品质他来建筑"。OMA 的目标是无专利、无版权、无标记的设计，使他们的作品能被广泛分享（Graaf 2008）；具有讽刺意义的是，这种他来建筑拥有自来建筑师的痕迹。此外，建筑作品潜在的可复制性与建造中的实际限制之间还存在一种矛盾，可概括为以下内容：

> 建筑的情况看似矛盾，因为这种艺术在今天具备的记法（指谓）体系已十分完善，能使建成物以无限定的方式倍增，而建筑从不利用这种可能性，除了在审美最

低劣的作品中……高品位作品的这种独有特征（实际上，我听说每个作品的建成物每大洲允许有一个，不管那个模糊的地理名词指的是什么）一方面出于动机明确的刻意约束，一方面出于这种实践的自来本质——因为不仅什么也不能阻止一种艺术的某些作品在一个领域中发挥功能，某些其他作品在另一个领域中发挥功能；而且同一个作品的某一部分为自来、另一部分为他来也是很有可能的。

（Genette 1997: 97，着重号出自原文）

89　　所以建筑有一种双重性质；它是一种"混合的、动摇于两端的艺术"，不仅是因为一些建筑被认为是自来的而同时其他的被认为是他来的，更是因为它的一些部分是自来的而其他部分是他来的。这就是带有他来题字的自来建筑的情况，比如带有指称建造者的题字"吾作"（me fecit）的各座教堂。但建筑可以从另一个角度被视为部分自来、部分他来的。在古德曼看来，艺术可以分为一阶段和二阶段的艺术（Goodman 1968: 114-115）。建筑是一种二阶段艺术，因为必须首先设计一座建筑然后才能实际建造，这就表明建造过程有两个阶段。正因为如此才会出现记法：以保证在多人介入的过程中设计能正确实现。建筑在第一阶段可以认为是他来的，而在第二阶段是自来的。图纸是他来的，因为它的相关性在于准确复制一系列参数，以确定建筑的个体性，所以它的创作过程就是无关的；图纸本身是否为最初的原作（假如仍然存在）无关紧要。对应第二阶段的实际建筑是自来的，因为创作过程是区分出自同一套图纸、即建筑作品第一阶段的两座建筑的必要标准。例如，它是区分1971年在佛罗里达迪斯尼乐园建成的灰姑娘城堡与1983年在东京迪斯尼乐园建成的灰姑娘城堡的唯一手段。

看起来，区分这两座灰姑娘城堡以及一般的相同作品，只有在将场地的特定性（specificity）作为其创作过程的必要条件时才有可能。乍看起来，建筑总是具有场地特定性的。但这种表述不能一般化，否则迁址的建筑就不再是同一座建筑了：现藏于柏林佩加蒙博物馆的佩加蒙祭坛（Pergamon Altar）就不再是佩加蒙祭坛了，因为它不在佩加蒙，而在柏林。此外，自来标准对于区分不同场地上两个相同的作品仍是有效的，即使创作过程无需以场地特定性作为一个必要因素：知道有一座 1971 年建成的灰姑娘城堡，还有一座 1983 年建成的可与之区分就够了。假如两座是在同一时间建成的，那参与施工的人就可能不同，这样它们的创作过程就仍是不同的，从而可以作为有效的判断标准。因此，位置不是作品具有自来性不可或缺的条件，尽管一些自来作品具有场地特定性（比如泰姬陵），这也不表明所有其他自来作品都必须有场地特定性，比如绘画、雕塑和蚀刻版画。

另一类表明建筑个体性的复杂性的是复原建筑，即自来与他来标准相冲突的建筑混合体。假如建筑只是他来的，那么建筑就要依照记法，根据图纸中确定的特征，通过修复或重建该建筑缺失或受损的要素进行复原。让我们考察一下位于西班牙东北部的圣佩雷·德罗兹（Sant Pere de Rodes）罗马式修道院（图 11）。这个建筑群主要是 10 世纪至 11 世纪间建成的，后续的增建一直延续到 1798 年修道院被彻底废弃时。在 20 世纪 30 年代零散的复原之后，主要的复原工作于 1989 年至 1999 年展开，结果就是现存的建筑。假如建筑是他来的，那么由于创作过程是无关的，复原的建筑就必须视为这个他来作品的另一个实例——更准确地说是唯一的实例。

图 11 圣佩雷·德罗兹修道院回廊

　　不过，还有另一个因素让我们认可这种评判，即复原圣佩雷·德罗兹修道院的干预措施是可见的。从复原的角度看，实施的是一种纯粹而非整体的复原。整体复原的目的是修复一个作品，使整体具有原作的外观，而纯粹或考古的复原主张任何替换物或添加物都必须是可见的，以避免任何伪造的真实性。对于后一种复原，缺失的部分不被替换为无法与现存部分区分的构件，而是可与旧构件明确区分。比如，修道院回廊缺失的拱券、柱子和柱头用混凝土水泥制成，表明是原作的假体（prosthesis）（图11）。这就意味着圣佩雷·德罗兹修道院不被视为单纯的他来作品，由于原作与其新部分之间的区别具有相关性，所以这座修道院也是自来的。

假如认为建筑只是自来的，那么复原就可以视为对建筑的改造，因为它意味着替换、添加和消除了该建筑创作过程的某些痕迹。这些痕迹也可能因老化而消失，而自来标准在确定该作品的个体性上仍是成立的。尽管一座复原的建筑不会与最初的建筑完全相似，但只要能以同一个创作过程判断出是原作，就仍是同一座建筑（Elgin 1997a: 106）。假如为了保护的需要，每个原始构件都被替换为新的，就不清楚是否仍可认为圣佩雷·德罗兹修道院是同一座建筑。这与忒修斯之船的逻辑悖论是相似的，船的条板在海中受损后被逐渐替换为新的，直到原船的痕迹都已消失。这就引出了归来的是不是同一艘船的问题。作为推论，还可以问假如替换的条板被用来建造另一艘船会怎样。假如构成这座修道院的石头被用来建造一模一样的建筑，就可以问哪座修道院是原作，或者原作是否还存在。假如建筑是他来的，那么这两座建筑都是同一作品的实例。假如建筑是自来的，那么首先必须确定两座建筑创作过程的哪些要素与作品的个体性是有关的：假如是材料使作品成为原作，那只有第二座修道院是原作；假如场所是相关的，那么全部重建的建筑就是原作。当然，古德曼本人强调，

并非每种艺术都可分为自来的或他来的。这种分类只有在我们拥有将对象或事件分为不同作品的手段时才

93

有效——即在有判断作品个体性的标准时。

（Goodman 1984：139）

但建筑确实可以分为两类，本章讨论的多个例子已经证明。此外，通过区分自来和他来，我们就能在概念上区分原本和副本、复制品，甚至赝品。在确定建筑作品构成时出现的困难不过是在个体性问题上对建筑自身内在复杂性的反思；这在巴塞罗那馆上有清晰的体现。

自来相对于他来：巴塞罗那馆

密斯·凡·德罗的德国馆（现称巴塞罗那馆）最初设计为1929 年巴塞罗那世博会的临时建筑，1986 年重建为永久建筑（图 12）。人们可以认为 1986 年馆是一个副本——所以是自来的；或者认为这两座建筑是同一作品的实例——所以是他来的；或者认为它们是两座不同的建筑——所以还是自来的；但二者都没有完全确定该馆的个体性状态。相反，它的特征在于自来与他来之间的连续转化，这体现出古德曼认为建筑兼有二者的观点。

重建 1929 年馆的主要依据是它作为现代建筑作品独一无二的地位。作为独一无二的作品就意味着认为巴塞罗那馆是自来的，并且 1986 年馆是 1929 年馆的复制品。创作的过程很重要，并让我们能区分出原作及其复制品：一座的创作过程出现在 1929 年春天的某些条件下，另一座的创作过程出现在 1983 年至 1986 年间的其他条件下。相应地，巴塞罗那馆是一个自来的建筑作品：我们会加以区分，并认为原作与复制品之间的区别具有相关性。这可以作为一般的看法，特别是因为 1986 年馆被定义为重建物而非原作。但这不足以成为确

94

图 12　重建的巴塞罗那馆，巴塞罗那

定 1929 年馆和 1986 年馆个体性的结论，也不足以无可争辩
地认定这两座建筑是不同的。当重建馆落成时，密斯·凡·德
罗的女儿表示"巴塞罗那德国馆第二次献给了世界"（Amela
1986：52）。只有不是独一无二的作品才能"第二次"献出，
并仍是同一作品；只有他来作品能够复制并保持相同的个体
性，这就使我们肯定 1986 年恢复的建筑与 1929 年所建的是
相同的。在这里，原作与复制品之间的自来区别是无意义的，
因为一个独一无二的原创作品——仅有一个的作品——不可
能两次献出。唯有建筑是他来的，巴塞罗那馆才可能有第二次。
这是自来与他来标准之间的第一次摇摆，它贯穿于整个重建
过程中，并表明自来与他来特征在确定巴塞罗那馆的个体性
上是如何相互关联、密不可分的。
　　重建密斯馆时面临的最重要的障碍是缺少可靠、确定的
图纸，因为原图已经遗失（Solà-Morales 等，1993：9）。

95

所以第一步就是通过记法的手段确定其个体性，即新的平面、剖面和立面图。**尽管巴塞罗那馆的自来特征能让我们区分这两座建筑，但建造 1986 年馆所依照的标准不是建筑的创作过程，而是图纸的再创。**另外，实际上是不可能通过复制 1929 年馆的创作过程建造 1986 年馆的，所以重建该馆的唯一方式就是制作一系列图纸。因此巴塞罗那馆的个体性就是由他来过程确立的。古德曼说：

> 虽然通常是记法的存在确定了艺术是他来的，但仅有记法的存在既不是必要条件也不是充分条件。**必要的是让一个作品或其实例的判断独立于创作过程；记法既规范了这样一种独立的标准又建立了它**。

> （Goodman 1984：139，着重号出自原文）

96　　　　这正是巴塞罗那馆的情况。尽管缺少独一无二地确定该作品的记法，但在不依赖其建造过程的条件下判断该作品是有可能的。所以，该馆在这里就是他来而非自来的，因为实际上是有可能建立记法的，并且它的建造过程对于确定其个体性不是决定性的。尽管如此，以他来方式确立该馆个体性的过程是开放的：无法在确定其个体性上"排除一切质疑"，因为并非所有的依据都提供了相同的信息，所以就不能依靠它们（Solà-Morales 等，1993：5）。可以认为，这种不确定性否定了以他来方式确定密斯作品个体性的可能。不过，无法精准地确定构成 1929 年建筑的每个特征，并不意味着我们无法通过记法确定其个体性，因为一些属性在确定个体性时是无关的。其他艺术中的类似情况表明，不确定性不是根据图纸确定建筑作品的障碍：文学作品的关键版本会被与同一作品的其他几个版本作比较，而在发生冲突时会将其中之一（或特定的一段）定为权威版本。当一个乐谱有多个版本时的情况也十分相似，而乐曲的个体性是通过确定唯一的乐谱确立的。因此，新的平面图、每个立面的立面图以及各个剖面图和该馆的大样被绘制出来，明确了之前图纸中未作规定的若干特征，从而以前所未有的方式确定了构成其个体性的要素。按古德曼的观点看，从那时起，只有满足由这些记法确定的条件的建筑可以认为是巴塞罗那馆。在这一点上，1986年馆的主要重建标准是关键：

> 在这里，一个无可争议的前提就是重建的概念：尽可能忠实地阐释1929年馆的理念和实体形式。如果说我们区分了理念和实体形式，那是因为对这个项目和这位建筑师在其他当代方案中所用的材料研究表明：这座建筑的施工由于经济、时间或仅仅是技术上的限制，在建造之前、之中和之后并不总是达到其理想特征的水平。
>
> （Solà-Morales 等，1993：29）

在这里，古德曼的术语让我们认为该馆是他来的；这个作品的"理想特征"对应的是特征完全由记法确定的作品，而"实体形式"就是该作品实际建成的实例。但在这个前提下，1929年馆就不是巴塞罗那馆的完美版本了：据说由于绿色大理石和石灰华非常稀少，所以有些墙体就是用砖砌成，再涂成绿色和黄色的（Solà- Morales 等，1993：14）。建成的1929年馆只是接近它曾经实际存在的状态：一座看上去是巴塞罗那馆的建筑，但不具备它的一些决定性属性。这就会给我们带来令人困惑的结论：1929年建成的不是实际的巴塞罗那馆，而1986年的建筑确实是该馆的实例——该馆第一个也是唯一的实例，因为它准确地满足了图纸所规定的条件。

我们在直觉上不愿作出1929年馆不是巴塞罗那馆的结论，就表明需要将个体性标准再从他来转为自来，并承认该

馆的个体性不是完全由图纸确定的。虽然乐谱和剧本似乎足以确定乐曲和戏剧的个体性，而且各个实例之间的区别对于确定其个体性是无关的，但看起来建筑图纸不属于这种情况，因为记法之外的信息（例如指称各种建造材料的）是确定一座建筑所需的决定性信息。有两个原因可以解释为何这个额外的信息是必要的：因为建筑记法的准确度不足以完全确定个体性；或是因为构成建筑个体性的一些特征无法以他来的方式确定，也就是说，即使有完美的记法，自来标准仍有相关性。这正是巴塞罗那馆的情况：一方面，我们只能通过不同的建造过程区分原作和复制品——自来的方式；另一方面，重建只能通过记法的手段实现——他来的方式。因此该馆就混合了自来与他来，而正是这种混合状态让我们理解了一些无法以其他方式理解的因素，比如原作与复制品之间的区别，同时还有制作复制品的可能性。

　　这就让我们需要澄清古德曼最初的一个论点：记法为他来艺术带来解放。虽然准确而精确的记法的确是需要的，但出自同一图纸的两个建筑作品之间的差别也必须是无关的。古德曼的进一步观点——建筑是一种"混合的、动摇于两端的"艺术，并且一旦其记法达到完美建筑，就会成为完全他来的——也需要调整修正。建筑当然是一种混合的艺术，但它是否动摇还不确定，因为全面判断一个作品的记法的成效不一定使其个体性独立于创作过程。换言之，自来特征是否可能不再构成作品的个体性还不确定，这就使我们无法断言建筑是一种动摇的艺术；但这并不排除未来的某一时刻他来标准足以判断建筑作品的可能。个体性标准的相关性与建筑的变化是紧密相连的，所以如果使之成为建筑作品的特征变化了，那么这些标准就无用了。现在，自来与他来帮助我们对作品个体性的判断作出了澄清和分类；它们是我们区分作品的构成要素，以及辨别原作、复制品和赝品的一种反映。

古德曼的自来和他来分类让我们能够确定建筑作品的个体性。有些作品显然是自来的（泰姬陵），其他的显然是他来的（住区房），还有些建筑可以从自来和他来两个角度考量（如副本和复原建筑所示）。因此，不仅建筑由于同时包含了自来和他来作品而成为一种混合体，而且这两条标准也在同一座建筑中相互关联。只要建筑建造过程的第一阶段是他来的、第二阶段是自来的，这两条标准就都是相互关联的。只要这两条标准都是判断同一座建筑所需的，就是密不可分的：自来标准用于区分两座相同的建筑（比如上文提到的两座灰姑娘城堡），同时他来标准让我们能在实际中建造两座相同的建筑（比如奥兰多的灰姑娘城堡和东京的那座）。这一系列可能性不一定要阐释为判断作品过程中的失败，而是建筑内在的复杂性与丰富性的证据。**古德曼对建筑是混合艺术的肯定是我们判定建筑个体性方式的一种体现。**一方面，有些建筑是根据其创作过程判定的；另一方面，有些建筑是通过以记法为标准来判定的；有时两条标准会用在同一座建筑上。这种混合的原因不仅在于缺少判断作品的完美记法，还在于我们现在不愿仅从他来或自来的角度判定某些建筑（如巴塞罗那馆所示）。由于建筑是不断发展的，什么构成了建筑的个体性以及什么标准是可用的，都需要进行持续评估（如 OMA 的"通用部"所示）。

建筑作为构造世界的多种方式

> 我们构造恒星的方式与造砖的方式不同；并非一切构
> 造都是塑泥这样的问题。此处构造世界的问题不是用手的
> 构造，而是用脑的，或者是用各种语言或其他符号体系的。
>
> （Goodman 1984: 42）

　　到目前为止，我们已经讨论了符号、符号体系以及指称
的各种模式，并强调了它们在实现、表达和创造意义中的作用。
这是古德曼建构相对主义中认知论的一面，这种观点认为任
何给定的、提供多重意义的符号都具有同样正确的多元阐释。
它在形而上学上的对应观点认为，这种同样正确的多元阐释
对应着多元的世界或世界样式。建筑师对世界构造过程的贡
献不仅在于造砖的物质意义，而最重要的是在原理上创造进
一步构造各种世界的符号和符号体系。本章将讨论从认知论
到形而上学的转变、古德曼多元世界或世界样式的概念、构
造世界的多种过程，并考察建筑如何能以独特的方式促进世
界的构造与再造。

从认知论到形而上学：构造世界

　　符号的特征在于它们具有多重阐释，并能传达多种意义。
从另一个角度看，同一个意义能在不同的符号体系中以多种方
式得到象征。同一个和谐的比例可以由建筑、音乐和数学来象
征。例如，帕拉第奥的圆厅别墅的一些房间象征着和谐的比例，
在数学上可以再现为1:1、2:1和3:4。首层是对应着比例为1:1

的正方形，各转角处的长方形房间符合 2：1 的比例（两个正方形），靠近它们的是对应比例 3：4 的小长方形房间（一个正方形加上它的三分之一）。一些音程也对应这些比例：当两条长度相等的弦（1：1）振动时会发出同音（unison），一条弦是另一条的两倍长时会产生八度音（2：1），当两条弦长是 3：4 的关系时会发出纯四度音（perfect fourth）（比如 C 和 F 弦）。这三种不同的象征方式为和谐的比例带来了独特的理解。建筑传达的是对比例的空间认识，音乐是声学认识，数学是算术认识；通过对比这些方式，就会得出关于和谐比例的新见解。对于古德曼而言，这三种方式在分类上是不分伯仲的，即这些体系之间不存在层级，它们在传达意义上是同样有效的。此外，**每个符号体系提供的意义不能完全转化到任一其他体系中，所以它们的理解方式是不可互换的**：音程所象征的比例当然可以通过文字、由数学公式来描述或再现，但音乐所象征的成比例的时长在向另一个体系转化的过程中会失去。所以就会存在不可相互简化的多元符号体系，并且无法将所有这些体系简化为一个共有体系，以其作为均化各种理解的共同基础：

> 只要那些不能被全部还原为一个样式的相互对立的诸多正确样式都可以被接受，统一性就将只能在包含这些样式的整体结构中，而不是作为其基础的含糊不清的中立物中被发现。[1]

（Goodman 1976：5，着重号出自原文）

这个整体组织关系是由各种符号和符号体系实现的。"中性的某物"是不存在的，这就意味着没有"单一"或"唯一"

---

[1] 引自纳尔逊·古德曼著，姬志闯译. 构造世界的多种方式. 上海：上海译文出版社，2008：6.

的世界来实现统一，而只能是多元的符号体系。这些体系也是各种世界或样式，因为它们是实际构成这个世界的要素，而这就是创造意义与构造世界、象征与建造、认知论与形而上学紧密相连的方式。由于存在可以创造不兼容的多个世界的多元体系，所以事物就不是只有一种存在的方式。比如，光可以理解为既是一种波又是一种粒子，而以两种不同符号体系为基础的这两种阐释实际上用不同的正确性标准创造了两个不同的世界。这些世界是不可相互简化的；不存在一个光同时是波和粒子的世界。同样地，日心体系和地心体系构成了两个不同的世界，而不是"'相同事实'的不同样式"（Goodman 1978: 93），并且不是一个绝对正确、另一个绝对错误，而是每个样式都有各自的标准。"太阳从东方升起"只有在地心世界样式中是有意义和正确的，而这就是我们通常所在的世界样式。**因此，现实不是固定不变的，而是建构出来的。并没有一个现成的世界可以从中提取不变的事实：各种世界及其组成要素都是构造出来的。任何通过符号体系促进认识的学科，比如建筑学，也都有助于世界的创造，比如：用古德曼的术语来说，创造意义的各种方式也是构造世界的方式。**

103

不过，要注意创造是不可能无中生有的：构造一个世界总是且只是对它进行再造。因此古德曼在谈论各种世界和世界样式时都是不加区分的，因为一个世界总是另一个世界的改造或样式：

> 世界的构造从一个样式开始，在另一个样式那里终结。①

（Goodman 1978: 97）

---

① 引自纳尔逊·古德曼著，姬志强译. 构造世界的多种方式. 上海：上海译文出版社，2008:100.

构造世界和语言是相似的，因为一种新的语言不是凭空创造出来的，而是从一种已经存在的语言中产生的。我们可以为新的见解引入新的词语，但这种创造发生在一种语言内部。或者从更一般的角度看，构造世界不是从零或从给定的、不可变的世界开始的，就像我们不会从头开始认识事物，而是从一系列先前的理念和概念开始。另外，构造世界是一个永无止境并且开放的过程，因为世界的样式或阐释总是会被改造的：其符号功能可以重组或指出一种样式的构成要素，或者使它退入背景中，却永远达不到终极世界，也不清楚下一个世界是什么样。由于解释一个世界总是且也是在建构一个世界，认定一个世界正确的标准与认定一种阐释正确的标准是相同的。这不是说什么标准都可行，而是判断阐释能否认可的正确性、适宜性、一致性和一贯性标准对于世界样式也是适用的。

构造世界有多种方式。古德曼对许多种方式作了评述，比如组合（composition）、分解（decomposition）、强调（weighting）、排序（ordering）、删减（deletion）、补充（supplementation）和变形（deformation）（Goodman 1978: 7-17）。不过，这个列表并没有结束。世界可以通过相互组合及其他过程创造出来，而后再进行组合。

比如，讽刺、变体和引用是艺术中常见的构造世界的方式。104
虽然这最后三种方式也是指称的模式，但不意味着指称的各种模式（指谓、例示、表达等）与构造世界的各种方式之间存在直接的对应。而是说，通过象征实现了"从其他世界中建造一个世界的各种过程"，即出现了"构造世界的各种过程"（Goodman 1978: 7）。同样地，不要说建筑是一种构造世界的方式，而应该说建筑作品及其承载的作为符号的多种阐释有助于促进认识，并因此有助于世界的创造。换言之，建筑借助构造世界的多种方式对世界进行构造和再造。

构造世界的多种建筑方式

　　建筑能以其他领域无法提供的方式带来新的见解，并以此创造出独特的世界样式，而它们又会影响或推动其他样式。通过以各种不同的方式进行象征，建筑可以塑造或重塑我们的感知，并重组我们对构成现实的各种世界或世界样式的认识。要考察建筑的符号功能，就需要考察创造和传达意义的过程。由于构造世界的过程涉及象征，这就有助于更好地理解特定的世界样式是如何构造或再造出来的。下面的例子（大部分已在前面几章讨论过）没有穷尽一切情况，只是为了说明建筑如何促成世界和世界样式的构造和再造。

105　　　让我们把悉尼歌剧院当作建筑指谓的一种情况。如果将建筑的造型阐释为迎风招展的帆船，这座建筑再现的就是一群帆船；但它也可以再现贝壳、爱因斯坦缭乱的白发，或者《七龙珠》里变身为超级赛亚人的孙悟空的发型。在以这些方式阐释悉尼歌剧院时，这座建筑被插入不同的符号体系中，并因此进入不同的世界样式。此外，还出现了另一个过程：曾经分离的各个世界现在通过这种多重指谓联系在一起，并由此产生了新的见解和样式。悉尼歌剧院同时指谓爱因斯坦和孙悟空的发型可以让我们将爱因斯坦理解为物理学的超级战士，或许我们还可以进一步认为爱因斯坦的成就与孙悟空的力量和能力同样是超凡的。物理学的世界与漫画的世界通过这座建筑的象征联系在一起；通过互补和强调这样的构造世界的过程，又一个样式被创造出来。有人会认为这种虚构与非虚构的样式、物理学世界与漫画世界的重叠是一种例外，然而并非如此。由于一个符号可以同时作虚构和非虚构的指谓，所以就会发生重叠。换言之，同一个符号可以是"某指谓"或者"某物的指谓"：悉尼歌剧院是"孙悟空发型指谓"而非"孙悟空发型的指谓",因为孙悟空发型并不存在;它既是"爱因斯坦头发指谓"又是"爱因斯坦头发的指谓",也是"帆船指谓"和"帆船的指谓",因为头发和帆船是存在的。由于一座建筑可以是空指谓或者指称某物,虚构和非虚构的世界可能在建筑上交汇,并创造或再造世界样式。

也有空指谓的建筑促成了虚构世界的构造,比如迪斯尼乐园中的灰姑娘和睡美人城堡以及维罗纳的朱丽叶之家。这些是"某再现"而非"某物的再现",就像格林和莎士比亚对这些建筑的描述以及通过绘画、图纸、歌剧和芭蕾舞台布景甚至玩具进行的各种再现都是"某再现"而非"某物的再现"一样。建筑在这个特定语境中的特别贡献在于,它为虚构的样式提供了高度的实在性,以至于人们会误以为它是非虚构的世界样式,而这通常不会出现在其他的虚构再现中。进行虚构再现的建筑与不再现任何东西的建筑看上去一模一样,并且除了符号功能以外,它们也可以履行实用功能。通过为想象的故事提供实际的空间,通过以实在性的框架与世界样式互补,这些建筑进一步混淆了虚构与非虚构。朱丽叶之家是莎士比亚创造的虚构维罗纳的一部分,而这个样式如今叠加在了实际的城市上。空指谓的建筑能够以与非虚构世界样式相同的特征创造虚构的世界样式,并由此带来各种样式的叠加甚至融合。

上文的几个例子讨论了在日常与虚构世界之间建立独特接续(relay)的空指谓建筑。这不是说建筑唯一的作用是将虚构场景变成游乐场,并让人住进虚构世界。**正是建筑提供立体样式的潜力使其他种类的想象世界得以实现。这些世界可供人居住,并能改变人们的生活。**很多建筑项目都是由政治想象催生出来的,而这些想象的目标就是改变和改善我们的日常世界;例如,恩斯特·迈(Ernst May)的项目通过建筑和设计将社会主义的政治想象付诸实践。用古德曼的话来说，想象的世界样式通过建筑重组新的要素，并将其引入现有的世界。实际世界与想象世界的重叠不一定意味着假象（deception），而是开启了构造世界的过程与创造力，这不仅是在艺术的角度上，还有社会、政治甚至革命的角度。

107

　　建筑的副本和复制品会完整地再现另一座建筑。因此副本似乎构成了原作所属的世界样式的复制品的一部分，或者就是它的一部分。那么拉斯韦加斯的埃菲尔铁塔就属于包含巴黎埃菲尔铁塔的世界的复制样式。除了一些共同的特征，副本象征的东西与其再现的建筑是不同的，而且它们象征的方式也不同，所以不可能出现样式的准确复制。尽管巴黎和拉斯韦加斯的两座埃菲尔铁塔都象征法国，但只有前者象征法国大革命一百周年，并以此成为法国多种民族价值观的符号，而且可以说属于一种政治和民族的世界样式。拉斯韦加斯的铁塔也代表作为爱情之城的巴黎——它的目标是为重现可能在巴黎体会到的浪漫感受提供一个场所，这样一来它就会属于另一种样式，甚至是庸俗的（kitsch）样式。所以，副本和复制品不会带来某种世界样式的准确复制，而是以原作所属的样式为基础，通过变形、权衡（ponderation）、讽刺或夸张创造另一种样式。可有副本或复制品的各种样式不一定与其复制的样式具有相同的特征。

　　与副本和复制品有关的一种情况是建筑的复原、保护和重建。古建筑保护的目的是从局部或整体上恢复由于历史、社会、文化或审美因素而具有相关性的建筑（Stubbs 2009）。这不仅需要改变建筑的结构和材料，而且也会在不同程度上改变它的符号功能，进而改变该建筑对构造世界样式的促进作用。侵入性较低的干预措施是建筑的清洁和维护，这会恢复建筑最初的外观，并以此保存它的符号功能（Elgin 1997a: 97-

108

109）。当一座建筑肮脏不堪,以致材料的各种特征无法体现时,它们就无法被象征了;一次妥善的清洁能使这些特征重见天日,并恢复世界样式。尽管如此,复原到原初状态有时是不合适的,因为清洁也可能消除某些特征、改变象征,并因此消除构成或影响世界样式的一些要素,比如将带铜锈的屋顶复原到最初的金属色泽。有些保护措施能兼顾清洁和保存早先的"肮脏"状态,并以此保存两种世界样式,或者至少保存通向已不复存在的世界样式的途径。这正是纽约中央火车站的情况,它的主顶棚经过复原揭示出被香烟焦油的黑灰积层遮住的穹顶。整个顶棚都被清洁,只在一角保留了一小块烟灰,以显示顶棚之前的状态。通过保留这个原初和临时的外观,它们的符号功能和各种阐释以及对应的各个世界样式都通过叠加得以保存。

在可见干预即所谓的纯粹或考古复原中,往往会出现多个世界样式的叠加和互补。建筑可以视为一个整体,但由于新增要素与原始要素能够明确区分,原物与重建物之间的界限就非常清晰:就能注意到两个或更多不同时期的象征和样式。在非可见即所谓的整体复原中,干预措施难以察觉,原物与干预结果之间没有可分辨的区别,那就会有两种可能。它可以是一种忠实的复原,其结果与清洁的效果相似,世界样式得以恢复,比如纽约的古根海姆博物馆。或者它可以是一种创造性复原,其结果不是原先的样式,而是一种再造、再阐释的世界,维奥莱－勒－迪克(Viollet-le-Duc)的大多数项目就是这种情况,比如他对巴黎圣母院的干预,那是中世纪建筑的 19 世纪样式。作为一个冒称忠实地恢复了过去的重现样式,就会有假象的可能:中世纪和 19 世纪的各种样式相互融合,在外行看来几乎没有区别。在这里,复原过程扭曲了一个样式,并通过混合不同时代的要素创造出另一个样式。

109

重建不复存在的建筑也会出现类似的情况：密斯·凡·德·罗的巴塞罗那馆冒称是 1929 年所建的原建筑的忠实复制品，但重建的一些内容——它缺少黑地毯，无法与红窗帘和缟玛瑙墙一同组成 1929 年馆的德国国旗——使得重建馆不再是像原物一样的德国国家符号。现在，该馆是现代建筑的一个标志，属于不同于原馆的世界样式。这就会带来混淆，因为复制品冒称与原物完全一样，但其实是一个有形阐释。假如不考虑重建物是原建筑的一种改造，样式构造与再造的过程就可以被它改变和限制。与副本一样，**人们不能假定保护措施实现了某个世界样式的准确重现，**而对原先各种世界样式的变形、叠加、权衡甚至伪造都是可能的。

由于例示是建筑象征以及建筑能够例示其任何属性最常见的方式之一，它也是建筑对构造世界贡献最大的模式。第 3 章中讨论过的所有例子现在都可以理解为以多少有些微妙的方式促进世界构造与再造的方式。通过塑造空间、光线和建造材料，建筑能创造出让我们意识到之前被忽略的各种特征的环境。有些文艺复兴教堂的中殿创造的是透视的、规则的、统一的空间，一旦体验过就能让我们以突出透视的方式观察教堂外的空间。另一方面，巴洛克教堂创造的是动态的空间，我们一旦体验过其动态，就能观察到不同于文艺复兴教堂的空间。这两种空间概念（透视的与动态的）形成了两种不同的世界样式，一种是文艺复兴的，一种是巴洛克的。二者之间的关系可以理解为再造样式的关系，以此表明构造世界是从其他样式开始的：通过抑制规则性、透视或闭合等文艺复兴空间的特性或使之退入背景，并突出动态性和弯曲性，一种巴洛克样式就出现了。通过以特有的方式例示形式、结构、建造要素、材料或功能等属性，建筑促进了其意义的提升、微调或转变。圆厅别墅对比例和对称的例示、巴西公寓对韵律

110

的例示，或是哈佛大学科学中心玻璃对透明、半透明和不透明的相继例示，都促成并丰富了其所属的世界样式。

表义的建筑也会促进世界样式的创造。柏林的犹太博物馆在建筑上表达了一系列促进理解大屠杀及重大历史事件的特征，通过这些特征，这座建筑介入世界样式的强调、提升和互补中。不只是犹太博物馆，还有很多其他要素，比如幸存者的回忆、文献、纪录片、文学和艺术作品或者历史，都构成了这个世界。这座博物馆对这一样式的特殊贡献在于，它表达了观众能够审美体验到的感受、情绪和独特事件，而不只是概念上的领会，并由此获得了对这个世界的独特理解以及对他们自身的认识。这一样式继而又对缺少这些要素的世界样式进行再造。例如，在流亡者花园体会到的无家可归，以空间的崎岖和不安强化了流亡的概念，并以其他领域无法实现的方式与该世界样式形成互补。

同样地，以复杂多重方式象征的建筑能在之前互不相通的 世界样式之间进行互补、重塑并确立关系。通过暗指，建筑能够叠加不同的世界样式。暗指罗马万神庙的各个建筑（圆厅别墅、巴黎先贤祠、杰斐逊的圆形图书馆，或哥伦比亚大学洛氏纪念图书馆）所属的一切世界样式都是通过这一象征联系起来的，这会给各个世界带来相互影响。对"母亲之家"不同风格的暗指在各个世界样式之间形成了冲突，并且在讽刺发挥作用时，出现了一个新样式，它扭曲了先前样式的某些方面，并突出了其他要素。"母亲之家"通过在同一座建筑上糅合各种建筑风格来讽刺指称风格之间的严格分野，挑战了各种风格之间的传统分野，并将它们全部融于一个样式之中。变体能够促进世界样式的创造，使之前各种样式的要素互补，并重整于新的样式之中，而风格也可以通过将原本看似毫不相关的要素归为同类而起到相似的作用。拉丁十字平面的逐步演变会将某些细节及其意义从一个样式带到另一个样式中；多位建筑师看似毫无共同特征的作品被纳入所谓的解构主义风格，而来自其他样式的要素又创造出一个新的样式。

所有这些例子都表明，建筑能以何种特定方式促进世界的创造。**除了根据象征的类型进行讨论以外，同一座建筑能同时以多种方式象征，所以建筑能介入构造世界过程的方式不止一种。**就像一座建筑可以属于多个符号体系一样，它也可以属于多个世界，因此它对构造和再造的贡献就不只限于一个世界，而是向多个世界开放的。建筑不会以自身构成一个世界样式：由于它们是一个符号体系内的符号，所以也是一个世界样式的一部分，而非世界本身。建筑对于构造世界的贡献是非常多样的，需要根据每个具体情况来考察。由于每个差别都会给作品的符号功能带来差别，所以建筑中的每个细微差别和细节都会给世界的构造带来差别。不过，可以假定建筑对创造意义和建构世界的贡献都在于实现了多个世界样式的叠加，使建筑成为它们之间的联系或连接点。鉴于建筑的立体特性与实在性表现，虚构与非虚构世界的叠加可能是假象，但在另一方面，建筑在通过突出社会和政治想象来改变现存世界上又有巨大潜力。建筑的另一个主要贡献是提供了一种新方式，用于对任何种类的概念、感受、情绪、对象、材料和空间以及新的意识、体验和自我认识进行认知、构想和试验。古德曼说：

> 建筑比大多数作品更能改变我们的有形环境；但进一步来说，它作为艺术作品可以通过各种表义的渠道丰富和重组我们的整个体验。就像其他艺术作品一样——也和各种科学理论一样——它能带来新的见解，提高认识，介入我们对世界的不断再造。

> （Goodman 1988: 48）

这样，古德曼将建筑置于为建筑师重树使命、开辟新道路的哲学语境之中。建筑不再只是物体，而是在传达意义与构造和再造世界的连续过程中有着积极的作用。古德曼的论述让我们意识到与建构、体验和阐释建筑相关的认知论和形而上学因素。在他的相对主义和建构主义哲学中，多元的意义和符号体系也意味着多元的世界样式，设计和建造中的每个决策都带来了不可预料的象征，继而它们又以原创的方式促进世界的构造。所有这些都在根据符号和阐释的语境不断发展。建筑师在日常实践中占据着符号创造者和世界构造者这一不可替代的地位。使用者和阐释者在与建筑的积极互动中也促进了创造意义和世界的过程。建筑的建造和解释都获得了至关重要的意义。从古德曼的哲学角度思考建筑、艺术以及任何其他在符号上的探索，开启了理解构造和构想现实的新方式。它促使我们每个人重新考虑我们的实践以及如何在理论的语境中思考实践，而正是这一理论在根本上赋予我们世界构造者的地位。

延伸阅读

    对于延伸阅读，我首先建议——别无他选——古德曼关于建筑的论文《建筑如何表义》和《论占有城市》。《建筑如何表义》尤为值得推荐，不仅因为它讨论的是建筑，更是因为它浓缩了古德曼的大部分主要哲学概念；它是古德曼思想入门的绝好论文。《论占有城市》是一篇很短的文章，论述了为何从符号上占有城市同时也是在构造城市。

    接下来我建议继续读《艺术的语言》或《构造世界的多种方式》，这取决于你是否更有兴趣深入古德曼的符号和艺术理论，或是他在形而上学方面的相应理论。在《艺术的语言》中，古德曼考察了指称的各种模式，讨论了真实性的问题，并研究了他记法理论的技术特性。我们在这里还会看到古德曼对图纸和建筑效果图以及建筑个体性状态的讨论。《构造世界的多种方式》收录了一系列论文，包括《词语、作品、世界》和讨论构造世界过程的《制造事实》以及古德曼提出他理解艺术的相对主义框架的《何时为艺术？》。

    《心灵及其他问题》由古德曼回应对其作品的评论和批判的一系列文章组成。其中包括对他哲学某些方面的澄清和修正，结尾是古德曼的访谈。《哲学、其他艺术和科学的重释》包括了《建筑如何表义》以及古德曼与埃尔金所写的其他具有启发性的论文，这些论文以符号和构造世界的理论作为概念框架，并提出了他们思想的第三阶段：重新构想和思考哲学与建筑、音乐、文学或心理学等其他学科，以实现囊括所有认识类型的综合理论。古德曼的其他作品没有涉及建筑或美学，但对于那些有兴趣进一步了解他哲学的人，我建议读《事实、虚构与预测》并了解所谓的"绿蓝悖论"和归纳的问题。要深究《问题与课题》和《表象的结构》，还需要更深的哲学功底。

关于古德曼还有大量从入门到专著的二级文献。关于古德曼思想的全面讨论和发展过程，我推荐埃尔金的著作（Elgin 1983，1997a 和 1997b）。要了解符号理论的更多内容，我建议读一些卡西雷尔和舍夫勒的著作（Cassirer 1944 和 Scheffler 1997）。论述古德曼和建筑的英文著作少之又少，且无一是为建筑学专业读者撰写的，而是针对专业哲学读者的（Mitias 1994; Paetzold 1997; Lagueux 1998; Fisher 2000; Capdevila- Werning 2009，2011，2013）。

参考文献

Allen, S. (2009) 'Mapping the Intangible' in S. Allen *Practice: Architecture, Technique + Representation*. London: Routledge, expanded 2nd edn, 41–69.

Amela, V. A. (1986) 'Inaugurado en Barcelona el pabellón alemán de Mies van der Rohe con la presencia de su hija', *La Vanguardia*, 3 June, 52.

Aristotle (1993) *Posterior Analytics*, translated and commented by Jonathan Barnes, 2nd edn, Oxford: Clarendon Press.

Bhatt, R. (ed.) (2013) *Rethinking Aesthetics. The Role of Body in Design*, London: Routledge.

Capdevila-Werning, R. (2009) 'Nelson Goodman's Autographic-Allographic Distinction in Architecture: Mies van der Rohe's Barcelona Pavilion' in G. Ernst, J. Steinbrenner and O. Scholz (eds) *From Logic to Art. Themes from Nelson Goodman*, Frankfurt: Ontos, 269–91.

— (2011) 'Can Buildings Quote?', *The Journal of Aesthetics and Art Criticism. Special Issue on the Aesthetics of Architecture*, 69: 115–24.

— (2013) 'From Buildings to Architecture' in R. Bhatt (ed.), *Re-thinking Aesthetics: Role of the Body in Design*, London: Routledge, 85–99.

Carlson, A. (2000) 'Existence, location, and function: the appreciation of architecture', in A. Carlson, *Aesthetics and the Environment. The Appreciation of Nature, Art, and Architecture*, New York: Routledge, 194–215.

Carter, C. (2000) 'A Tribute to Nelson Goodman', *The Journal of Aesthetics and Art Criticism* 58: 251–3.

Cassirer, E. (1944) An Essay on Man: An Introduction to a Philosophy of Human Culture, New Haven: Yale University Press.

Ching, F. D. K. (1995) *A Visual Dictionary of Architecture*, New York: Wiley & Sons.

D'Orey, C. (1999) *A Exemplificaçâo na Arte. Um Estudo sobre Nelson Goodman*, Lisboa: Fundação para a Ciência e a Tecnologia.

Danto, A. (1964) 'The Artworld', *The Journal of Philosophy*, 61–19: 571–84.

— (1981) *The Transfiguration on the Commonplace*, Cambridge, MA: Harvard University Press.

Davidson, D. (1978) 'What Metaphors Mean', *Critical Inquiry,* 5–1: 31–47.

Dickie, G. (1977) *Art and the Aesthetic: An Institutional Analysis*, Ithaca: Cornell University Press.

— (1984) *The Art Circle: A Theory of Art*, New York: Haven.

Elgin, C. Z. (1983) *With Reference to Reference*, Indianapolis: Hackett.

— (1996) 'Metaphor and Reference', in Z. Radman (ed.) *From a Metaphorical Point of View*, Berlin: Walter de Gruyter, 53–72.

— (1997a) *Between the Absolute and the Arbitrary*, Ithaca: Cornell University Press.

— (1997b) *Considered Judgment*, Princeton: Princeton University Press.

— (2000) 'Worldmaker: Nelson Goodman 1906–1998', *Journal for General Philosophy of Science* 31: 1–18.

— (2010) 'Telling Instances' in R. Frigg and M. C. Hunter (eds) *Beyond Mimesis and Convention, Boston Studies in the Philosophy and History of Science* 262: 1–17.

Elgin, C. Z., Scheffler, I. and Schwartz, R. (1999) 'Nelson Goodman 1906–1998', *Proceedings and Addresses of the American Philosophical Association* 72–5: 206–8.

Fisher, S. (2000) 'Architectural Notation and Computer Aided Design', *The Journal of Aesthetics and Art Criticism,* 58: 273–89.

Fogelin, R. J. (1988) *Figuratively Speaking*, New Haven: Yale.

Genette, G. (1997) *The Work of Art. Immanence and Transcendence*, trans. G. M. Goshgarian, Ithaca: Cornell University Press.

Goodman, N. (1951) *The Structure of Appearance*, Cambridge: Harvard University Press, 2nd edn 1966, Indianapolis: Bobbs-Merrill, 3rd edn 1977, Boston: Reidel.

— (1955) *Fact, Fiction, Forecast*, Indianapolis: Bobbs-Merrill, 4th edn 1983, Cambridge, MA: Harvard University Press.

— (1968) *Languages of Art. An Approach to a Theory of Symbols*, Indianapolis: Bobbs-Merrill, 2nd edn 1976, Indianapolis: Hackett.

— (1972) *Problems and Projects*, Indianapolis: Bobbs-Merrill.

— (1978) *Ways of Worldmaking*, Indianapolis: Hackett.

— (1979) 'Metaphor as Moonlighting', *Critical Inquiry*, 6–1: 125–30.

— (1984) *Of Mind and Other Matters*, Cambridge, MA: Harvard University Press.

— (1985), 'How Buildings Mean', *Critical Inquiry* 11–4: 642–53.

— (1991) 'On Capturing Cities', *Journal of Aesthetic Education* 25–1: 5–9. First published in G. Teyssot (ed.), *World cities and the future of the metropoles / XVII Triennale di Milano*, Vol. 1, Milano: Electa, 69–71.

Goodman, N. and Elgin C. Z. (1988) *Reconceptions in Philosophy and Other Arts and Sciences*, Indianapolis: Hackett.

Graaf, R. de (2008) 'Manifesto for Simplicity Serpentine Gallery Manifesto Marathon', 19 October 2008. Available HTTP: www.oma.nl (accessed 10 November, 2011).

Harvard College. Class of 1928 (1978) *Fiftieth anniversary report*, Cambridge, MA: Crimson Printing Co.

Hellman, G. (1977) 'Symbol Systems and Artistic Styles', *The Journal of Aesthetics and Art Criticism*, 35: 279–92.

Iseminger, G. (ed.) (1992) *Intention and Interpretation*, Philadelphia: Temple University Press.

Kieran, M. (ed.) (2006) *Contemporary Debates in Aesthetics and the Philosophy of Art*, Malden, MA: Blackwell.

Lagueux, M. (1998) 'Nelson Goodman and Architecture', Assemblage, 35: 18–35.

Lang, B. (ed.) (1987) *The Concept of Style*, Ithaca: Cornell University Press.

Libeskind, D. and Binet, H. (1999) *Jewish Museum Berlin*, S.l.: G + B Arts International.

Light, A. and Smith, J. A. (2005) *Aesthetics of Everyday Life*, New York: Columbia University Press.

Marx, K. (1990) *Capital. A Critique of Political Economy*, Vol. 1, trans. B. Fowkes, London: Penguin. 1st edn, Hamburg: Verlag Otto von Meissner, 1867.

Mitias. M. (1994) 'Expression in Architecture' in M. Mitias (ed.), *Philosophy and Architecture*, Amsterdam: Rodopi, 87–107.

— (1990) 'The Aesthetic Experience of the Architectural Work', *Journal of Aesthetic Education*, 33: 61–77.

Moos, S. von (1987) *Venturi, Rauch & Scott Brown: Buildings and Projects*, New York: Rizzoli.

Paetzold, H. (1997) *The symbolic language of culture, fine arts and architecture. Consequences of Cassirer and Goodman, Three Trondheim Lectures*, Trondheim: FF Edition.

Pevsner, N. (1963) *An Outline of European Architecture*, 7th edn, Harmondsworth: Penguin Books. 1st edn, London: Pelican, 1943.

Rasmussen, S. E. (1959) *Experiencing Architecture*, Cambridge, MA: Massachusetts Institute of Technology Press.

Ross, S. (1981) 'Art and Allusion', *The Journal of Aesthetics and Art Criticism*, 40: 59–70.

Rush, F. (2009) *On Architecture*, London: Routledge.

Saito, Y. (2007) *Everyday Aesthetics*, New York: Oxford University Press.

Scheffler, I. (1997) Symbolic worlds: art, science, language, ritual, Cambridge: Cambridge University Press.

Scruton, R. (1979) *The Aesthetics of Architecture*, London: Meuthen.

Solà-Morales, I. de, Cirici, C. and Ramos, F. (1993) *Mies van der Rohe: Barcelona Pavilion*, Barcelona: Gustavo Gili.

Stubbs, J. H. (2009) *Time Honored. A Global View of Architectural Conservation*, Hoboken: Wiley.

Venturi, R. (1966) *Complexity and Contradiction in Architecture*, New York: Museum of Modern Art.

Vermaulen I., Brun, G. and Baumberger, Ch. (2009) 'Five Ways of (not) Defining Exemplification' in G. Ernst, J. Steinbrenner and O. Scholz (eds) *From Logic to Art. Themes from Nelson Goodman*, Frankfurt: Ontos, 219–50.

Yanal, R. J. (1998) 'The Institutional Theory of Art', in M. Kelly (ed.) *Encyclopedia of Aesthetics*, London: Oxford Art Online Online. Available HTTP: http://www.oxfordartonline.com/subscriber/article/opr/t234/e0292 (accessed 11 January 2010).

Young, J. E. (2000) *At Memory's Edge. After-Images of the Holocaust in Contemporary Art and Architecture*, New Haven: Yale University Press.

索引

1. 本索引列出页码均为原英文版页码。为方便读者检索，已将英文版页码作为边码附在中文版左右两侧相应句段左右两侧。

2. 粗体数字表明是插图。

译后记

　　这套丛书优在从建筑学的角度向诸位西方哲学家汲取营养，以期在"士"与"匠"、"道"与"器"之间架起一座桥梁。本书用符号学来解读建筑，阐释有形与无形世界的构造，颇具新意。应该说，交叉是 21 世纪建筑学跨学科、跨领域发展的一种必然趋势，而向哲学领域迈进犹如一次探险。虽不是无人区，却也没有路。这样一部论著的翻译过程，自是如履薄冰。并在这段探险之旅中，闪现出零星的想法。

　　一是意境。中国传统建筑作为诗画山水一体的总和，讲求意境的营造，即综合不同感官的"世界的构造"。从雕绘倒挂的蝙蝠象征"福到"，到园林中的花瓶形入口寓意"出入平安"；从祈年殿的 24 根柱子代表二十四节气，到泰山石刻以"虫二"表达"风月无边"，都体现出中国传统建筑对各类符号运用的精妙。可以说，这些对于中国传统建筑而言是比实用功能更重要的，没有它们就无法构成博大的中国传统建筑符号体系。在这个意义上，中国历史上的文人和匠人作为"建筑师是首要的世界构造者"，他们用文学、艺术和科学创造了包罗万象而又多元统一的建筑符号体系。

　　同时，这种建筑符号体系是开放的、发展的。例如，中国风（chinoiserie）虽不代表"本义"的中国建筑，而是一种被欧洲演绎出来的"幻想"；但它被欧洲建筑的符号体系吸收后，成为其中具有浓厚异域特色的一种风格——一如圆明园的西洋楼之于中国传统建筑符号体系。但今天出现在中国的建筑，特别是一些外国建筑师的作品，给中国传统建筑符号体系带来的冲击几乎是颠覆性的。它们不仅破坏了原有体系的完整性，甚至让当代中国建筑丧失了自身的典型特征。我们不禁要问：当今中国建筑的符号体系何在？当代建筑师创造的符号指称的是什么？来自世界各地的建筑师们构造出来的又是怎样的世界？

谈到这个问题就离不开真实性。书中的忒休斯之船是个颇具启发性的例子，尤其对当今的文化遗产保护理论而言。此处不作赘述，而用另一个例子。假如由于疾病，需要更换某人的一个器官，那么手术之后还是本人么？一般认为应该是的，因为毕竟身体的大部分都是原来的。那么，换两个器官、三个，或者多个器官，是否还是本人呢？甚至在未来，整个人的身体都是生物工程制造出来的，那这个人又是谁呢？是不是要从性格、记忆，或者基因来判断呢？如果是，那么中国建筑符号体系的基因又是什么呢？

最后还要一提技术手段。创造建筑所依靠的科学技术日新月异，它必然改变建筑师创造符号的方式和结果。中国传统建筑符号体系的变化无可避免。绘制样式房图或界画（以及写诗作画）的毛笔早已不是建筑师的制图工具。我们面临的是 BIM 引发的建筑设计、协作和建造的革命。如果说精美的手绘图和渲染图本身是建筑作为"他来"的一阶段艺术品，那么 BIM 模型在建筑符号体系中是什么？或者说，利用某种程序让计算机自动生成的建筑，是不是新语境中没有建筑师的建筑？

或许，这些问题的意义并不在于具体的答案。哲学是思想的大海，她的巨浪拍打建筑学的海崖，迸发出令人激动的浪花！衷心感谢中国建筑工业出版社的李婧编辑和北京工业大学的李阿琳教授给了我这次探险的机会，并让读者能从这朵浪花中看到建筑哲学的光。

2017 年 7 月 16 日
于国家图书馆

给建筑师的思想家读本

Thinkers for Architects

为寻找设计灵感或寻找引导实践的批判性框架，建筑师经常跨学科反思哲学思潮及理论。本套丛书将为进行建筑主题写作并以此提升设计洞察力的重要学者提供快速且清晰的引导。

建筑师解读德勒兹与瓜塔里

[英] 安德鲁·巴兰坦 著

建筑师解读海德格尔

[英] 亚当·沙尔 著

建筑师解读伊里加雷

[英] 佩格·罗斯 著

建筑师解读巴巴

[英] 费利佩·埃尔南德斯 著

建筑师解读梅洛 - 庞蒂

[英] 乔纳森·黑尔 著

建筑师解读布迪厄

[英] 海伦娜·韦伯斯特 著

建筑师解读本雅明

[美] 布赖恩·埃利奥特 著

建筑师解读伽达默尔

[美]保罗·基德尔

建筑师解读古德曼

[西]雷梅·卡德国维拉－韦宁

建筑师解读德里达

[英]理查德·科因